WILD FLOWERS OF D. M. Z.

휴전선의 야생화

글/사진 김태정

대원사

휴전선의 야생화
Wild Flowers of D. M. Z.

첫판 인쇄 1994년 4월 7일
첫판 발행 1994년 4월 15일

지은이 ● 김태정
펴낸이 ● 차민도
펴낸곳 ● 대원사

120-180 서울시 서대문구 창천동 506-27
전화 323-5511(대) ● 팩시밀리 323-5611
등록 제3-191호

값 30,000원

ISBN 89-369-0918-5 06480

WILD FLOWERS OF D. M. Z.

휴전선의 야생화

글/사진 김태정

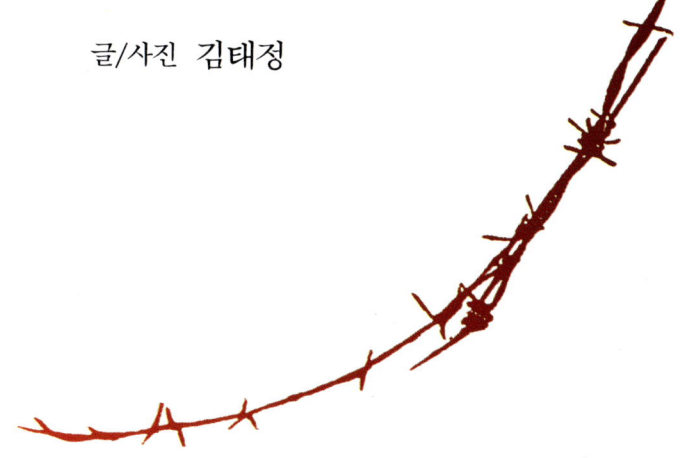

차례

휴전선의 야생화를 펴내며

　이땅에서 태어나 가장 한국적인 모습으로 그
강인한 생명력을 이어가는 우리의 꽃 야생화.
이제는 우리 곁에서 점차 잊혀져 가는 꽃이기에
더욱 소중히 느껴지는 우리의 꽃이다.

　우리는 우리가 살고 있는 이 지구상의 다양한
생물들이 얼마나 중요한가를 인식하려 들지 않는 것
같다. 많은 생명체들 중에서도 식물계에 있어서는
더욱 그러하다. 환경에 가장 예민하게 반응하는
식물의 생태는 환경지수의 바로메타라 할 만큼
생태계에서 소중한 위치를 점하고 있다. 더구나
개발에 밀려 거의 사라져 가고 없는 우리 강산의
야생 식물들은 더없이 소중한, 우리의 토속적인
정서가 깃든 생명체들이며 바로 우리의 모습이다.

　필자는 이렇듯 사라져 가는 우리의 꽃들을 찾아
조국의 산하, 발길 닿는 곳이면 어디든지 종횡무진
산과 들을 누비며 탐사 여행을 하였다. 꽃이 피어
올라가는 순서에 따라 국토의 최남단 마라도와
제주도의 한라산에서부터 지리산, 태백산맥을 따라
대관령, 한계령, 설악산과 휴전선에 이르기까지
그리고 금강산을 뛰어넘어 백두산에로 이르는
한반도 전역을 범위로 한 것이다.

　휴전선 이북 지역은 갈 수 없는 땅이기에
휴전선에서 백두산으로 이어지는 길고 아름다운
산맥은 뛰어넘을 수밖에 없었으나, 한반도를
중심에서 절단한 휴전선 농에서 서로 이어지는

띠(belt)는 백두대간에서부터 뻗어 내려온 한 줄기 도도한 대정맥(大正脈)임을 확인할 수 있었다. 각 지역마다의 주요 식물들의 분포 상태와 자연환경 실태를 보며 한라(漢拏)에서부터 백두(白頭)까지는 분명 모두 같은 우리의 땅임이 증명된 것이다.

특별히 휴전선 155마일(6백리) 민통선 지역과 비무장지대 등을 탐사하면서는 아직도 건강하게 뿌리내리며 자라고 있는 진귀한 식물들을 발견하게 되었다. 이는 이 지역의 모든 생태계가 아직 건강하게 보존되어 있음을 나타내 주는 것이다. 민족 모두에겐 가슴 아픈 휴전선이면서도 이러한 자연생태적인 면에서는 최상의 보고(寶庫)가 되는 곳이기도 하다.

넓은 초원에서 새끼들을 이끌고 유유히 노니는 어미 노루나 멧돼지, 옹기종기 모여서 고운 꽃을 피우는 대(大) 화원을 방불케 하는 야생화들, 거울 같은 맑은 물 속을 오가는 물고기들, 숲 속에 모여 사는 온갖 벌레들, 남과 북을 자유로이 넘나드는 철새들, 이들 모두에겐 원시상태 그대로의 이곳 휴전선 지역이 생명 보존의 낙원이 되는 것이다.

철조망에 가로막혀 금강산의 아름다운 봉우리들을 바로 눈앞에서만 바라보고 돌아서는 서글픔도 이 오염되지 않은 휴전선 일대의 희귀 식물들을 돌아보면서는 이곳이야말로 세계에서 마지막 남은 원시상태의 식물 서식지임을 확인한 자부심으로 바뀌고 만다.

물론 우리 꽃이 아닌 원예종으로 외지에서 들어와 버젓이 자라는 외국 식물들도 있기는 하지만, 멸종되었다고 믿었던 우리의 식물들이 엄연히 살아 있고, 또한 변종(變種)되어 남아 있는 것도 발견이 되었다.

필자는 이곳 휴전선 전지역을 탐사하면서 생태계의 중요성을 절실히 느낀 만큼 이번 기회에 많은 사람들에게 자연이 주는 정서적 가치와 더불어 사라져 가는 우리의 꽃 몇 종류라도 그 모양과 이름을 알게 하자는 데 뜻을 두고 이 책을 펴내게 되었다.

독자들의 이해와 현장성을 살리기 위해 실제 꽃을 따라가며 보고 느낀 것을 적는 기행 형식을 택했으며, 휴전선 전지역과 민통선 지역 그리고 그 인접 지역을 나누어 하나하나 묶어서 그 지역 주요 식물들의 꽃을 중심으로 기술을 하였다. 아직도 분단 상태에 있는 지역인 관계로 상세한 지형의 설명은 제외하였으며, 좀처럼 나타나지 않는 희귀 식물들과 남쪽으로 그 분포지를 넓히고 있는 식물 또는 꽃의 모양이나 색깔이 변화된 식물도 함께 게재하여 구체적인 이해를 돕고자 하였다.

그동안 휴전선 지역의 야생화 탐사를 위해 협조해 주신 군 관계자 여러분과 장병 여러분께 심심한 감사를 드리며, 위험을 무릅쓰고 항상 동행해 주신 한국야생화탐사단원 여러분께도 감사를 드린다. 아울러, 책을 위해 험준한 비무장지대에서 금강산을 스케치한 서양화가 최낙경 화백과 통일을 염원한 시(詩)를 써주신 명기환 시인, 사진 자료를 협조해 주신 송기엽 선생님께도 감사 드리지 않을 수 없다.

또한 어려운 우리의 출판 여건 속에서도 자연생태 및 우리 민족문화에 대한 책을 꾸준히 펴내시는 대원사 사장님 이하 임직원 여러분께도 감사 드린다. 끝으로 이 책이 휴전선을 이해하고 이 지역의 생태적인 중요성을 알리는 데 자그마한 길잡이가 되었으면 한다.

탐사지역 지도

휴전선 155마일 필자가 탐사한 지역의 주요지점

황해도

경기도

연천

고랑포리

대성동

판문점

파주

자유의 다리

문산

동두천

교동도

군사분계선

강화도

민간인 통제선(민통선)

김포

◎ 서울

● 인천

두무진

백령도

금강산 비로봉

금강산 전망대
통일전망대

건봉산

거진

간성

향로봉

가칠봉

적근산 백암산 일석산

대성산

대암산

화천

속초

광덕산

양구

인제

한계령

화악산

지산

강원도

대관령

조그만 풀꽃이 되어
휴전선 야생화로 피어난다면
금강산 만 이천봉
그 깊은 계곡의 맑은 이슬로
얼굴을 씻으리니
조국이 통일되어 하나되던 날
온누리에 맑은 꽃가루로 뿌리리라

동부전선

동부전선

명호리, 통일전망대

동해 최북단에 위치한 등대

DMZ WILD FLOWER

남과 북이 대치해 있고 이산 가족들이 고향을 그리며 한(恨)을 달래고 있는 것에는 아랑곳없이 바닷가 언덕이나 계곡의 하천변 또는 산 위에서는 오랜 세월 동안 사람의 간섭을 받지 않고 살아가는 자연생태계의 모든 것들이 그 힘을 잃지 않고 더욱 더 아름답게 자라고 있다.

동해안의 최북단 자그마한 항구의 등대는 동해 바다의 맑고 푸른 파도를 벗삼아 오늘도 꿋꿋이 바다를 지키며 그 불을 밝힌다.

오랜 세월의 세찬 풍랑으로 인하여 일그러진 바위틈에는 바람에 날아갈 듯한 바위 난간에 가느다란 뿌리를 굳게 내리고 늦은 가을까지 아름다운 꽃을 피우는 해국(Aster spathulifolius)이 바닷바람에 흔들린다. 북녘으로 한참 올라가면 푸른 바다 위에 희고 붉은색으로 점점이 이어지는 작은 섬들, 이들이 바로 동해의 아름다운 절경 해금강의 일부 작은 섬들이다.

오늘도 북녘에 두고 온 가족과 고향의 그리움에 이곳 통일전망대를 찾는 이들의 발길은 끊이지 않는다. 흰 머리카락 흩날리며 북녘을 바라보면서 망향의 그리움으로 말을 잇지 못하는 노인의 시야에는 바로 명사십리의 해변 같은 아름다운 반달 모양의 은빛 백사장이 펼쳐져 두고 온 산하를 더욱 그립게 한다.

휴전선의 야생화

해국 • *Aster spathulifolius*

바로 눈앞의 가깝고도 먼 금단의 땅 위에는
금강산의 아름다운 줄기가 동해로 뻗어 나와 마지막
바닷가에서 아홉 신선이 내려와 바둑을 두었다는
구선봉(九仙峰, 일명 낙타봉)의 절경이 펼쳐지고, 그
가운데 솔밭을 이루고 있는 송도(松島)라 불리는
작은 섬이 남과 북의 경계를 지키고 있다. 금강산의
커다란 옥녀봉이 손에 잡힐 듯 구름 속에 가려진 채
바라보이는 이곳 휴전선 지역은 온갖 생물들조차
숨죽인 듯 고요하기만 하다.

구선봉 바로 앞에는 선녀와 나무꾼의 전설 속에
전해져 내려오는 못(池)이 푸르름을 잃지 않고
유유히 맴돌지만 주변의 모든 곳에는 아직도 섬뜩한
붉은 선전 문구가 여기저기 어지럽게 붙어 있다.

해국 • *Aster spathulifolius*

남과 북이 대치해 있고 이산 가족들이 고향을
그리며 한(恨)을 달래고 있는 것에는 아랑곳없이
바닷가 언덕이나 계곡의 하천변 또는 산 위에서는
오랜 세월 동안 사람의 간섭을 받지 않고 살아가는
자연생태계의 모든 것들이 그 힘을 잃지 않고 더욱 더 아름답게 자라고 있다.

금강산 전망대에서 본 금강산 전경. 멀리 채하봉, 집선봉, 세존봉, 신선대, 관음연봉 등이 보인다.

끈끈이대나물 • *Silene armeria* (붉은색 꽃)

끈끈이대나물 • *Silene armeria* (흰색 꽃)

큰달맞이꽃 • *Oenothera lamarckiana*

엉겅퀴 • **Cirium Japonicum var, ussuriense**

벌노랑이 • **Lotus Corniculatus var, japonicus**

들완두 • **Vicia bungei**

이들 가운데는 우리의 귀한 특산식물
(토종식물)들이나 동물들, 곤충, 어류 등 소중한
생명들이 우리와 함께 이곳의 비무장지대를
지킨다. 이 지역의 식물군으로는 대단히 많은 종이
속해 있다. 그 가운데 봄에 가녀린 작은 꽃을 피우는
'개석잠풀(Stachys Riederi var. hispidula)', 초여름을
분홍색 꽃으로 초원을 붉게 물들여 주는
'엉겅퀴(Cirium Japonicum var. ussuriense)', 해변가의
길가 언덕 등에 옹기종기 모여서 큰 군락을
형성하고 여름이 갈 때까지 작고 샛노란 꽃을 많이
피우는 '벌노랑이(Lotus Corniculatus var. japonicus)'
등이 많다.

이들 벌노랑이가 핀 곳과 비슷한 장소의 길가
초원지에는 '들완두(Vicia bungei)'가 요염한 자태로
자주색의 작은 꽃을 피워 벌노랑이와 함께 자주색
그리고 푸른 잎이 어우러져 자연의 조화를
만들어 준다.

'끈끈이대나물(Silene armeria)'은 귀화식물로서
태백산맥의 등줄기를 따라 남쪽으로 그 분포지를
길게 뻗으며 자라는데, 간혹 산골 농가의 화단에
심기도 한다. 붉은색 꽃과 흰색 꽃을 피우는데
특히 동해안 지방에서 볼 수 있다.

또 하나의 귀화식물로서 우리나라에 들어와 그
분포지를 넓혀 가고 있는 '큰달맞이꽃(Oenothera
lamarckiana)'은 바닷가에서부터 내륙 안쪽의 깊은
곳까지 분포한다. 양양을 벗어나 설악산 가까이까지
그 분포지를 넓히며 파고들어가 자라는데 이들은
달맞이꽃보다 앞서 6월에 큰 접시 모양의 꽃을
아침에 피우기도 한다.

'개다래(Actinidia Polygama, s. et z.)'는 산골짜기
등에서 흔히 볼 수 있다. 양지바른 산자락의
바위틈에는 '금낭화(Dicentra spectabilis, L.)'가
휘어진 꽃줄기에 주머니 모양의 꽃을 여러 개씩
달고 가녀리게 피는데 이들 금낭화는 설악산
향로봉, 건봉산 외에도 내륙지방 깊은 산골짜기까지
분포한다. 남녘 지방에서는 겨울에도 간혹 덩굴이
살아 있고 따스한 곳에서는 전체가 죽지 않는
'인동(Lonicera Japonica)' 덩굴이 특히 이곳 동부
휴전선 민통선 지역의 숲 가장자리에 많이 자란다.

여름에 짙은 향기를 뿜어 내어 벌과 나비들을
불러들이는 꽃으로 필 때는 흰 꽃이지만 시간이
지나면서 점차 노란색으로 변하며 한 곳에 흰 꽃과
노란 꽃이 달린 모습을 하여 일명
'금은화'(金銀花)라 불리우기도 한다.

우리나라 각처에서 야채로 흔히 먹는
'고들빼기(Youngia sonchifolia)'는 이곳의 초원지에도
많이 자라고 초여름에 많은 꽃을 피운다.
'쥐오줌풀(Valeriana fauriei)'은 전국의 심산 지역
초원에 많이 나지만 이곳의 휴전선 철조망 가에서도
해마다 어김없이 불그레한 둥근 꽃송이를 내민다.
강원 지방에서는 이 풀을 '은대가리나물'이라 부르고
있다.

개석잠풀 • Stachys Riederi var. hispidula

개다래 • *Actinidia Polygama, s. et z.*

금낭화 • *Dicentra spectabilis, L.*

인동 • **Lonicera Japonica**

병사들이 다니는 길가 풀섶에는 이름 모를
벌레들과 함께 풀잎이 무우를 닮은 '뱀무(Geum
Japonicum)'가 여름이 오는 것을 알려 주기라도 하듯
여기저기서 많은 황금색의 꽃을 피운다. 이들은
여름이 다 갈 때까지 계속 꽃을 피우고 둥글고
가시가 많이 달린 모양의 열매를 맺는다.

'마(Dioscorea batatas)'는 가을에 맺힌 열매가
겨울의 눈 속에서도 그대로 남아 있다. 솜 같은
눈송이에 소복히 둘러싸여 있는 열매를 보면
이곳의 겨울을 느낄 수 있다.

이 밖에도 많은 식물들이 꽃을 피우나 민통선
지역이나 휴전선 지역 중에서도 동쪽이나 서쪽의
바닷가 낮은 지대에는 희귀한 야생 식물이 그다지
많이 자라고 있지는 않다.

고들빼기 • **Youngia sonchifolia**

쥐오줌풀 • Valeriana fauriei

뱀무 • Geum Japonicum

마 • Dioscorea batatas

동부전선

건봉산, 고진동, 건봉사

건봉사 불이문

수백 년 묵은 고목이 쓰러져 썩은 곳에는 여러 가지 버섯이 커다랗게 자라고, 얽키고 설키는 줄기 때문에 사람이 들어가기 어려운 이곳의 원시림에는 모든 생물들이 그 힘을 잃지 않고 생기 있게 자라고 있다. 여름의 건봉산 넓은 초원지에는 온갖 식물군이 모여 더불어 자라고 형형색색의 꽃들은 큰 화원을 방불케 한다.

건봉산(乾鳳山, 해발 911미터)은 우리나라 동해안의 자연 경관이 수려한 곳에 위치하고 있다. 이 건봉산 자락 아래로 고찰(古刹) 건봉사(乾鳳寺)가 있다. 그 옛날의 규모를 말해 주기라도 하듯 불타 버린 이 옛 절터에는 무성한 야생 잡초와 주춧돌만 뒹굴고 불이문(不二門)만 쓸쓸히 남아 있다.

주변의 우거진 숲 속에는 부도전이 숲에 가려져 서 있고 예전의 웅대했던 대웅전 대신 지금은 근래에 건축한 자그마한 대웅전이 세워져 있다. 깊고 수려하기 이를 데 없는 이곳 건봉사는 지금도 빽빽한 나무숲으로 자연림을 이루고 있다. 그 옛날 금강산으로 들어가는 사람은 이곳 건봉사에서 쉬고 이른 아침 건봉산을 넘어야 해지기 전에 금강산 어귀에 도착할 수 있었다는 금강산 가는 길목의 중요한 지점이기도 하다.

건봉산을 넘어서면 폭음을 내뿜으며 쏟아지는 여러 개의 작은 폭포 소리에 귀가 멍해진다. 이 계곡은 고진동 계곡으로, 한여름에도 서늘하기 이를 데 없으며 물이 대단히 차기 때문에 오염되지 않은, 맑고 차가운 깨끗한 계곡에서 자라는 열목어가 서식하기도 하는 곳이다.

건봉산(乾鳳山) 야생화 군락

　지금은 옛 금강산으로 들어가는 길목은 형체만
남았고 조금 내려가다 보면 더 이상 갈 수 없는
분단의 안타까움에 가로막혀 발길을 돌려야 한다.
그 옛날 어느 누가 길가 언덕 옆에 초막집이라도
짓고 산나물이라도 캐며 살았던 곳인지 주인 잃은
잡초밭에 뽕나무, 복숭아나무, 참나리 등의 열매가
열리어 생명의 건재함을 알린다.
　오서동 계곡은 이곳과 마찬가지로 천혜의
원시림이 그대로 유지되고 있는 수려한 곳이다.
오랫동안 인적이 끊긴 덕택으로 온갖 동식물들이
무성하며 특히 뱀이 많아서 발길을 떼기가 무서운
곳이지만 산양, 노루, 고라니, 멧돼지 등의 희귀
야생 동물도 많은 곳이다.
　수백 년 묵은 고목이 쓰러져 썩은 곳에는 여러
가지 버섯이 커다랗게 자라고, 얼키고 설키는 줄기
때문에 사람이 들어가기 어려운 이곳의 원시림에는
모든 생물들이 그 힘을 잃지 않고 생기 있게
자라고 있다.
　여름이 시작되면서 늘 구름 속에 가려진 건봉산
위에 오르면 산 능선의 넓은 초원지에는 온갖
식물군이 모여 더불어 자라고, 형형색색으로 피어난
꽃들은 흡사 큰 화원을 방불케 한다.

할미꽃 • **Pulsatilla Cerrma**

세잎양지꽃 • **Potentilla freyniana**

양지꽃 • **Potentilla fragarioides**

'노루오줌' '마타리' '금마타리' '기린초' '물레나물' '염아자' '둥근이질풀' '잔대' '동자꽃' '궁궁이' '물양지꽃' 등 수많은 식물들이 서로 앞다투며 고운 꽃망울을 터뜨린다. '양지꽃(Potentilla fragarioides)'은 이른봄 어디에서고 많이 피지만 이곳에서도 작고 노란 꽃을 많이 피운다.

'할미꽃(Pulsatilla Cerrma)'은 대개 중부지방의 산과 들에서 흔히 자라던 풀이었으나 자연 환경의 오염과 개발 등에 밀려 자라던 곳을 모두 빼앗기고 지금은 깊은 산골짜기의 양지바른 곳에서나 볼 수 있는 희귀 식물이 되어 가고 있다. 그 옛날 전설처럼 키워 준 손녀들에게 구박당한 할머니가 멀리 고개 너머 가난하게 살고 있는 착한 손녀딸을 찾아가다가 그만 고갯마루에서 허기에 못이겨 쓰러져 죽었는데,

그 자리에서 난 풀이 할머니의 허리같이 구부러지고 흰 머리카락을 달고 있는 듯하다 하여 할미꽃이 되었다는 전설을 간직한 꽃이다. 이곳 건봉산 양지바른 길가 언덕에는 이 할미꽃의 전설처럼 마루터에 올라 저 너머 북녘에 두고 온 손녀딸을 바라보다 길가에 주저앉은 듯이 가련하게 피어나 산 아래를 굽어보는 듯한 할미꽃이 피어 있다.

'세잎양지꽃(Potentilla freyniana)'은 대개 깊은 산골짜기의 숲 속 바위틈이나 그늘진 곳에서 자란다. 양지꽃처럼 노란 꽃을 피우고 높은 산의 바위틈에서도 자라며, 산 위에서는 양지편의 산기슭에서 잘 자란다.

'댓잎현호색(Corydalis turtschaninovii)'은 풀잎의 모양이 댓잎과 같다는 데서 그 이름이 연유된다. 각처의 낮은 곳에서 흔히 자라고 특히 그늘지고 습한 곳에서 많이 나며 봄에 요염한 자주색이나 하늘색의 꽃을 여러 개 달고 피어나는 연약하고 작은 풀이다. 이들 현호색 종류들은 이른봄 일찍 눈과 얼음이 녹기 시작하면 곧바로 꽃을 피우고 위의 큰 풀잎이나 나뭇잎이 나오기 전에 모두 열매를 맺는다. 큰 나무들은 현호색에게 양보라도 하듯이 이들이 모두 꽃을 피우고 난 뒤에야 비로소 나뭇가지 끝에 파릇파릇한 새잎을 내민다.

바로 이것이 자연의 순리인지도 모르며 대개의 자연 속에서 이루어지는 이들의 질서는 모두 어김없이 그 순서를 잘 지키고 서로 양보라도 하는 것 같다.

'금마타리(Patrinia saniculaefolia)'는 꽃의 색깔이 황금색이 나는 데서, 또한 가을에 풀잎이 황금색 은행잎처럼 노랗게 물들여지는 데서 얻어진 것 같다. 이들 금마타리는 중부지방의 설악산, 오대산, 향로봉 등 높은 산기슭의 바위틈이나 길가 산허리가 잘려 나간 난간에서 잘 자라며 특히 건봉산의 길가 바위틈에서는 많은 꽃을 볼 수 있다.

산골짜기의 바위 밑 등지의 음습한 곳에서 잘 자라는, 풀잎이 유난히 큰 풀인 '도깨비부채(Rodgersia podophylla)'는 각처의 깊은 산에서 대체로 자라지만 특히 휴전선 지역의 건봉산, 향로봉, 대암산 등지에서는 군데군데 많이 모여 자라기도 한다. 풀이름이 재미있는 이 식물은 여러 조각의 큰 풀잎에 비해 꽃은 그다지 아름답게 피지 못한다.

한편 혐오감을 주는 풀이름으로 '송장풀(Leonurus macranthus)'이 있는데 이 풀은 각처의 낮은 곳 약간 습기 있는 곳에서 잘 자라며 건봉산의 낮은 지대 풀밭에서도 자란다. 꽃의 모양을 자세히 확대하여 보면 그 모양도 별로 아름답지 못한 꽃으로, 꿀을 가진 꿀풀과의 풀이다.

우리나라의 산과 들에는 흔히 산딸기라 불리는 많은 야생딸기가 있는데 그 종류는 여러 가지가 있다. 특히 이들 가운데 그 열매(딸기)가 크고

댓잎현호색 • Corydalis turtschaninovii

맛좋게 열리는 것들은 몇 가지 되지 않는다. 초여름에 '줄딸기(덤불딸기)'가 제일 먼저 붉고 탐스러운 열매를 열어 사람들의 입맛을 돋구어 준다. 뒤이어 늦은 여름부터 크고 맛좋은 열매를 많이 맺는 '멍석딸기(Rubus parvifolius)'가 있다. 이 딸기도 각처의 산과 들에서 볼 수 있으나 특히 인적이 드문 맑고 깨끗한 이곳 초원지에서 열리는 붉고 탐스런 열매는 보기만 하여도 입에 신맛이 도는 딸기이다.

이곳에서 열리는 딸기들은 대개는 철새들의 몫이 되지만 가끔 뱀도 즐겨 따먹는다. 예부터 산딸기는 강정제(強精劑)로 먹기도 했다. 또한 꽃이 피려는 것같이 오므라든 모양으로 보이지만 실제로는 완전히 꽃이 핀 모양이다.

금마타리 • Patrinia saniculaefolia

도깨비부채 • Rodgersia podophylla

송장풀 • *Leonurus macranthus*

운지버섯

멍석딸기 • **Rubus parvifolius**

개화한 멍석딸기 꽃

작은 꽃들이 많이 꽃차례(花序)에 달리기 때문에
'좁쌀풀(Lysimachia vulgaris var. davurica)'이란
이름을 가진 이 풀도 중부지방의 산과 들에 흔히
나는 풀이지만 누가 간섭하고 뜯어가지 않아서
그러한지 옹기종기 모여서 가녀린 꽃을 많이
피운다. 전설에 시어머니에게 억울한 매를 맞고
입가에 흰 밥알을 물고 죽은 며느리의 한맺힌
무덤가에서 입술같이 빨간 입모양의 꽃 속에 흰
밥알을 2개 물고 있는 듯하게 꽃이 핀다 하여 그
이름이 '며느리밥풀꽃'이라 붙여진 풀이 있다.
그러나 입에 흰 밥알 같은 것은 없고 그저 곱게
단장한 며느리같이 핀다는 꽃인
'꽃며느리밥풀(Melampyrum roseum)'이
금강산에서부터 태백산맥의 주맥을 따라 이곳
건봉산을 거쳐서 설악산 한계령, 오대산, 태백산까지
높은 산의 능선을 따라 숲 속 그늘에서 불그레하게
곱게 피어난다. 이 풀은 대개는 참나무 숲, 신갈나무
숲이나 소나무 숲 등의 밑에 많이 모여서
군락지(群落地)를 이루고 자란다.
　　우리나라의 산에는 유독성식물(有毒性植物)
들이 많이 자라고 대개는 여름 늦게부터 가을에
이르기까지 대단히 아름다운 색깔들로 꽃이 핀다.

좁쌀풀 • Lysimachia vulgaris var. davurica

식물의 모양이 이상하고 꽃이 지나치게
화려하면 일단 의심을 해 볼 필요가 있다. 독성이
약한 것은 위험하지 않으나 맹독성을 가지고 있는
식물들은 우리가 함부로 다루는 것은 대단히 위험한
일이다. 그러나 이들 대개는 한방(漢方) 등에서
귀한 약재(藥材)로 쓰여지기도 하며 한방에서
초오(草烏), 부자(附子) 등으로 불려지는
미나리아재비과의 독초인
'진돌쩌귀(Aconitum seoulense)'는 처음에 서울의
북한산 높은 곳에서 발견된 듯하며 학명에도 서울이
들어가 있다.
　　이 풀은 서울을 기점으로 중부지방의 깊은 심산
지역(深山地域)에 분포하며 북쪽으로는 금강산까지
그 분포지가 넓어진 듯한 풀로서 우리가 보존해야
될 풀이기도 하다.

진돌쩌귀 • *Aconitum seoulense*

도라지모싯대 • Adenophora grandiflora

우리의 산에는 도라지가 많이 나고 또한 모싯대(모시대)가 깊은 산 숲 속에 자라며 여름이면 종(鐘) 모양의 꽃을 매달고 아름답게 핀다. 이 가운데 풀의 모양이 모싯대를 닮고 꽃은 도라지꽃을 닮아 '도라지모싯대(Adenophora grandiflora)'라 부르는 이 풀은 비록 높은 산의 초원에 나지만 그 모양이 아름다워 한 포기의 화초 같은 풀이다.

이들은 특히 건봉산, 향로봉, 대암산, 대우산, 가칠봉, 두솔산, 설악산, 오대산, 점봉산 등지의 높은 산 초원에서 아름다운 꽃을 달고 산봉우리를 지키듯이 구름 속에 싸여서 자란다.

이 밖에도 많은 나무와 풀들이 자라며 계절에 따라 꽃이 피고 열매를 맺으며 때가 되면 어김없이 우리를 맞이한다. 어느 이름 모를 병사의 철모인지 주인 잃고 탄흔에 뚫린 녹슨 철모 옆에는 붉은 털중나리꽃, 기린초, 초롱꽃 등이 숲 속에 뒹굴며 죽어간 병사의 넋이라도 위로하는 듯이 피어 있다. 이러한 아름다운 야생화들과 함께 잠자리나 나비, 무당개구리, 꽃뱀 등이 한데 어우러진 이곳은 그야말로 살아 있는 자연을 실감케 한다.

휴전선의 야생 동물

건봉산의 잠자리

건봉산의 바위 위에서 발견한 무당개구리

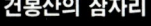

고선 검창리 오서동 계곡의 꽃뱀

동부전선

향로봉

철조망 뒤로 병사가 향로봉을 지키고 있다.

향로봉은 여름이면 동해 바다를 찾는 그 누구라도 한번쯤은 오르고 싶은 산이면서 또한 함부로 오르지 못하는 산이기도 하다. 이 장엄하고 높은 산에는 다른 산보다 먼저 가을 단풍이 찾아 오는데 정상 부근 초원에는 풀잎과 나뭇잎이 일찍 물들기 시작하여 아름다운 꽃들과 더불어 단풍잎이 한데 어우러지기도 한다.

향로봉(香爐峰, 해발 1,298미터)은 동해안의 높은 산으로, 북쪽으로는 금강산의 비로봉(해발 1,638미터)에서 남쪽으로 무산(巫山, 해발 1,320미터)과 이어지고 다시 건봉산(乾鳳山, 해발 911미터)과 향로봉으로 이어지는 태백산맥의 가장 중요한 위치이자 우리나라의 지붕으로 일컬어지기도 하는 대관령(大關嶺)의 윗부분이기도 하다.

예부터 이 지역의 자연생태적인 위치는 이미 잘 알려진 사실이지만 금강산의 중요한 식물군은 이 능선을 따라 혹은 대륙성 기압에 의하여 남으로 남으로 그 분포지를 넓히고 있다.

사람은 오가지 못하지만 이들 식물들은 그 강한 철조망을 통과하여 계속해서 남쪽으로 이동하고 있으며, 우리의 토종식물이라 일컬어지는 한국특산식물(韓國特產植物)들이 많이 발견되고 있다. 이들 가운데 가장 중요한 것들은 '금강초롱꽃(Hanabusaya asiatica)', '금강봄맞이꽃(Androsace cortusaefolia)', '금강제비꽃(Viola diamantica)', '비로용담(Gentiana Jamesii)' 등 희귀한 우리의 것들로 그 건재함을 알려 주어 대단히 반가운 일이 아닐 수 없다.

동부전선 DMZ의 운해

한국특산식물은 이 밖에도 더 있지만 대개는
금강산에서 발견되고 금강산에서만 자란다고 하는
식물들이다. 어쩌면 같은 땅이기에 이쪽까지 내려와
자라는 것이 당연할 것이다. 더구나 향로봉은 그
봉우리가 항상 구름 속에 가려져 있고 겨울에는
많은 눈이 쌓여 일기예보시에는 이곳의 겨울철
적설량이 자주 보도되곤 한다. 향로봉 정상에서
바라본 설악산의 절경과 동해 바다를 끼고 산허리를
감싸고 도는 운해(雲海)는 이보다 더 아름다운
풍경이 또 있으랴 할 정도로 아름답다.

매서운 북풍에도 끄떡없이 자라는 향로봉
고원지(高原地)의 많은 야생화 군락(野生花群落)은
몰려오는 구름과 싸우기라도 하는양 모두 꽃잎을
열고 하늘을 향해 외치는 듯 하다가도, 이윽고
안개구름이 지나가면 구름과의 싸움에서 지쳐
눈물이라도 흘리는 듯 꽃잎마다 방울방울 이슬을
머금고 고개를 뚝 떨어뜨린 모습이 마치 수줍은

산처녀들처럼 더없이 청아하기만 하다.

북녘으로 비무장지대에는 바다같은 구름이
깔리고 '동자꽃', '송이풀', '산오이풀', '촛대승마',
'금강초롱꽃', '왜솜다리', '잔대', '도라지모싯대',
'전호', '말나리', '곰취', '참배암차즈기', '돌바늘꽃',
'바늘꽃', '둥근이질풀' 등이 구름이 멀리 간 사이에
따스한 태양을 받아 저마다 보아달라는 듯 아름답게
피다가 저녁 무렵 서쪽의 전선에 붉은 노을이
물들어 올 때면 고요한 찬바람 속에 다시 인고의
시간을 견딘다. 향로봉은 여름이면 동해 바다를
찾는 그 누구라도 한번쯤은 오르고 싶은 산이면서
또한 함부로 오르지 못하는 산이기도 하다. 이
장엄하고 높은 산에는 다른 산보다 먼저 가을
단풍이 찾아오는데 8월 하순 경이면 벌써 이곳
향로봉 정상 부근 초원에는 풀잎과 나뭇잎이 일찍
물들기 시작하여 아름다운 꽃들과 더불어 단풍잎이
한데 어우러지기도 한다.

정상 부근 넓은 초원에 단풍이 물들 즈음이면 '금강초롱꽃(Hanabusaya asiatica)'이 많이 피어난다. 금강초롱꽃은 산에 따라 그 모양과 색깔이 조금씩 다르기도 한데 근자에는 연한 붉은색의 아름다운 빛깔의 꽃이 발견되기도 했다.

이 식물은 대개는 깊은 골짜기나 높은 산의 구름 속에 가려져 습도가 충분히 유지되는 숲 속이나 바위틈에서 자라는 강인한 풀이다. 금강산에서 발견되고 자랐으며, 우리 고유의 초롱(청사초롱) 모양과 닮았다 하여 금강초롱꽃이라 부르는 이 꽃의 모양은 종(鐘)처럼 예술적인 풀을 연상케 하며 야생화의 대표적인 꽃이기도 하다.

이 꽃은 8월에 많이 핀다. 향로봉의 숲 속에서 그 넓은 군락을 형성하고 모두 피어나면 흡사 아이들이 청사초롱을 하나씩 들고 숲 속을 거니는 것처럼 아름다운 광경이 된다. 낮은 곳에서 피는 꽃은 꽃이 크고 색깔이 연한 반면 높은 곳의 꽃은 색깔이 뚜렷하며, 동해 바다 쪽으로 피는 것은 꽃의 힘이 적은 듯이 보인다. 30여 미터의 높은 바위 난간 틈새에 뿌리내리고 겨울에도 풍한(風寒)과 싸우며 여름에 유유히 꽃을 피우는 강인한 풀이다.

산 정상 부근 고원지에서만 잘 자라고 여름이면 새색시같은 연분홍색의 작고 아름다운 꽃을 많이 피워 고원지에 흡사 분홍색의 옷감이라도 펼친 듯 아름답게 피는 풀로 '둥근이질풀(Geranium Koreanum)'이 있다.

향로봉의 윗부분은 이들이 모두 차지하고 자란다고 해도 과언이 아닐 정도로 이들은 대개 모여서 자기들만의 영역을 만들고 자란다. 짓궂은 여름의 소나기나 태풍이 지나가면 이 아름다운 둥근이질풀의 연분홍색 꽃잎들은 갈기갈기 찢어지거나 재빨리 꽃잎을 오므려 위기를 모면하는 것도 있다. 안개비가 지나가고 맑은 해가 뜨면 찬란한 빛을 내며 일제히 피어나는 이 꽃의 광경은 향로봉이 아닌 다른 곳에서는 보기 드문 광경이다.

이들 둥근이질풀과 같은 시기에 커다란 꽃을 피우는, 웃는 어린이의 얼굴 모양을 닮은 '동자꽃(Lychnis Cognata)'이 있다. 이 동자꽃에는 애절한 전설이 전해져 내려온다. 옛날 설악산 깊은 곳의 한 작은 암자에서 홀로 지내던 스님 한 분이 부모 잃고 헤매이는 어린 동자를 데려다가 같이 기거하였다. 겨울이 되자 눈이 오기 전에 식량 채비를 하느라 스님은 어린 동자 홀로 암자에 두고 마을로 내려갔는데, 때마침 겨울 첫 폭설이 내렸다. 스님은 혼자 두고 온 동자 생각에 발만 동동 구르고 암자를 오르지 못하였고 어린 동자는 그 추운 암자 밖의 언덕 마을 길목에 앉아 스님이 오시기를 기다리다가 앉은 채로 추위에 얼어 죽었다고 한다. 원래 이 지방은 겨울에 한번 눈이 쌓이면 5월이나 되어야 눈이 녹아 산에 오를 수 있는데, 이듬해 봄 눈이 녹은 후에 스님이 달려가 보니 동자는 언덕에서 앉은 채로 마을을 바라보고 죽어 있었다. 동자가 가엾은 나머지 스님은 그 자리에 무덤을 만들어 주었고, 해마다 여름이면 이 무덤 가에는 이름 모를 풀이 자라고 동자의 웃는 얼굴 모양을 한 붉은 꽃이 마을 쪽을 일제히 향하여 피었는데 동자의 한(恨)을 달래 주기 위하여 사람들은 이 꽃을 '동자꽃'이라 이름 하였다 한다.

금강초롱꽃
Hanabusaya asiatica

금강초롱꽃 • Hanabusaya asiatica

둥근이질풀 • Geranium Koreanum

이 꽃은 태백산맥을 따라 남쪽의 지리산까지
분포하며 지금도 꽃이 피면 모든 꽃송이의 방향이
산 아래쪽을 향한다. 특히 향로봉 윗부근에 많이
피는데 다른 꽃들 사이에서 어린아이가 재롱이라도
떠는 듯 또한 병사들의 초소 옆에서 친구라도
되듯이 여름이면 붉게 피어나 둥근 얼굴 모양을
한다.

우리 산에서 가장 많은 군락을 이루고 자라는
'산오이풀(Sanguisorba hakusanensis)'은 향로봉
정상에서 가장 많이 자라고 여름이면 큰 이삭
모양의 탐스럽고 아름다운 붉은색 꽃을 많이
피운다. 풀잎 끝에 항상 방울방울 영롱한 이슬
방울을 매달고 있는 이들 오이풀 중 꽃이삭이
'큰오이풀'(백두산) 다음으로 크게 피며 정상 부근의
바위산을 모두 차지하여 다른 꽃은 들어가지도 못할
만큼 단결력이 대단한 풀이다.

백두산의 숲에서부터 분포하며 부전고원,
낭림산맥, 묘향산, 금강산을 거쳐 이곳 향로봉과
더욱 남쪽으로 오대산까지 분포하는 아름다운 꽃인
'분홍바늘꽃(Epilobium angustifolium)'은 분홍색의
아름다운 꽃을 여러 개씩 달고 높은 산에 많이
피어나 고산식물(高山植物)다운 면모를 보여 주는
꽃으로, 특히 북한 지역에 많이 분포하는 식물이다.

같은 바늘꽃과로 꽃이 작고, 꽃이 핀 것인지 않은
것인지 구분이 힘든 '돌바늘꽃(Epilobium
cephalostigma)'도 마찬가지로 백두산 천지의 주변
습지에 자라며 분홍바늘꽃과 같이 그 분포지를
산맥을 따라 남쪽으로 넓히고 향로봉의 높은 곳에
많이 자란다.

낮은 골짜기의 풀섶에서 흰 나방들이 모여 앉은
듯이 꽃을 피우는, 냄새가 아름답지 못한
'백선(Dictamnus dasycarpus)'이라는 풀은 높은 산
보다는 낮은 곳의 숲 가장자리 초원지 등에 흔히
나는데, 원래 약재(藥材)로 쓰이기도 한다. 민통선
지역의 위험 지역 풀섶에서 약초 채취하는 이들에게
뽑힐 염려 없이 안전하게 모여 자란다.

많은 사람들이 가을이면 산에 올라 머루와 다래를
따먹는다고 말하지만 다래덩굴이 어떻게 생기고
꽃이 어떻게 피는지는 별로 아는 사람이 없다.

동자꽃 • Lychnis Cognata

산오이풀 • Sanguisorba hakusanensis

분홍바늘꽃 • Epilobium angustifolium

백선 • Dictamnus dasycarpus

돌바늘꽃 • Epilobium cephalostigma

다래꽃 • Actinidia arguta

　전국의 심산 지역에는 다래덩굴이 흔히 자라지만
특히 민통선 지역이나 더 깊은 휴전선 지역의
산에는 줄기 속에 숨기고 피어난 '다래꽃(Actinidia
arguta)'을 볼 수 있다. 우거진 나뭇잎 속에 숨어
검은 꽃밥을 많이 달고 피어나는 다래꽃은 가을의
전선 산기슭에 주렁주렁 풍성한 다래 열매를 매달고
자란다. 근자에 도회지에 나오는 다래는 일찍 그
맛이 들기도 전에 따가지고 오기 때문에 떫기만 할
뿐 정작 다래의 새콤하고 담백한 맛을 맛볼 수 없다.
　'세잎종덩굴(Clematis Koreana)'은 희귀한 종으로
중부지방의 깊은 곳, 특히 향로봉 지역의 산에서
볼 수 있다.
　우리나라 태백산맥의 높은 봉우리를 따라
제주도의 한라산에까지 자라는 '마가목(Sorbus
Commixta)'은 넓은 잎에 탐스런 많은 꽃을 피우고
가을이면 붉은 열매를 많이 맺는다. 나뭇속 자체에
그윽한 장미의 향(香)이 있어 예부터 이 나뭇가지를
쪼개어 차(茶) 대용으로 끓여 먹기도 하는 좋은
수종의 하나이다.

세잎종덩굴 • Clematis Koreana

마가목 • Sorbus Commixta

철쭉 • Rhododendron schlippenbachii

봄이면 온 산천을 연분홍색으로 물들이는 진달래꽃이 막 지면서 푸른 나뭇잎과 같이 꽃이 피는 진달래와 비슷한 '철쭉(Rhododendron schlippenbachii)'꽃은 이곳의 민통선 지역 향로봉 높은 곳의 산기슭에서도 더욱 청아하고 아름답게 피어난다. 그러나 진달래꽃과는 달리 철쭉꽃은 꽃에 독성을 품고 있어 함부로 꽃을 따서 먹는다든가 하면 인체에 위해하다.

가지마다 층층으로 희고 누런 꽃을 많이 핀다 하여 이름 붙여진 '층층나무(Cornus controversa)'는 각처의 산에 흔히 자라지만 나무의 수형이 좋아 예부터 수난을 많이 당하는 나무이다. 인적이 드문 이곳에는 넓게 펼쳐진 가지 위에 흰눈이 소복히 내려앉은 듯이 초여름에 대단히 아름답게 피는 나무이다. 심산 지역의 숲 가장자리나 길가 초원에서 자라는 '검종덩굴(Clematis fusca)'은 꽃의 모양과 색깔이 혐오감을 줄 수 있는 독이 있는 덩굴이며 특히 휴전선 지역의 산에서 볼 수 있다.

봄부터 여름에 이르기까지 산골짜기나 높은 산 능선 부근에서 유난히 향기를 많이 뿜어대기 때문에 예부터 옥란(玉蘭), 목란(木蘭), 산목련(山木蓮)이라 부르는 '함박꽃나무(Magnolia sieboldii)'는 목련과의 나무로서, 다른 목련 속(屬)이 낮은 데서 잎이 나오기 전에 꽃봉오리가 먼저 터지고 향기를 뿜으며 큰 꽃이 피는 데 비해, 함박꽃나무는 산 높은 데서 자라고 봄에 잎과 새순이 나와서 그 끝에 순백색의 함박 모양의 아름다운 꽃을 피워 초여름의 온 산에 향기를 뿌리는 예부터 사랑받는 나무이다. 이 꽃이 피면 온갖 벌나비와 벌레들이 모여든다. 이들은 향로봉, 건봉산, 금강산의 높은 곳을 따라 백두대간(白頭大幹)으로 이어지며 분포하는 아름다운 우리의 꽃 중 하나이기도 하다.

바위 곁에 붙어서 작고 노란 꽃을 많이 피우는 돌나물보다 훨씬 가녀린 풀 '바위채송화(Sedum yabeanum)'는 중부지방의 높은 산에서 볼 수 있지만 특히 휴전선 지역의 향로봉, 대암산, 건봉산 등지의 높은 바위 곁에 많이 핀다.

향로봉의 높은 고원지 초원 및 구룡령(九龍嶺), 대관령(大關嶺)까지 산 능선을 따라 분포하는 '털쥐손이풀(Geranium eriostemon)'은 북녘으로는 낭림산맥(狼林山脈), 부전고원, 백두산까지 고원지를 따라 분포해 있다. 풀 전체에 뿌연 흰 털이 많이 나고 꽃은 화려하지 않지만 손바닥 모양의 가지런한 풀잎과 더불어 고원지에서 큰 군락을 이루고 자라는 고산식물(高山植物)이다.

각처의 깊은 산기슭에서 자라는 '개회나무(Syringa reticulata)'는 이곳 향로봉 산기슭에서도 늦은 봄 아름다운 향기를 내뿜는 나무이기도 하다.

추운 겨울에 높은 산의 참나무, 오리나무 등지의 높은 가지에 철새의 둥지 모양으로 자라는 식물로 '겨우살이(Viscum album)'가 있다. 이 식물은 다른 나무에 뿌리를 내리고 남의 것을 먹고 자라는 기생(寄生) 식물로서 여름에는 다른 나뭇잎에 가려 태양을 받지 못하기 때문에 자라지 않고 휴면에 들어가 있으나 가을 나뭇잎이 떨어지면 파란 줄기 끝에 녹황색의 아주 작은 꽃을 피우며 겨울 동안 구슬 모양의 투명하고 연한 황색의 열매를 많이

층층나무 • Cornus controversa

검종덩굴 • Clematis fusca

바위채송화 • Sedum yabeanum

함박꽃나무 • *Magnolia sieboldii*

털쥐손이풀 • Geranium eriostemon

개화나무 • Syringa reticulata

겨우살이 • Viscum album

맺는다. 대단한 지능을 가진 이 식물은 한겨울
먹이를 구하기 어려운 시기에 철새들의 맛있는
먹이가 되는데, 이 열매 속에는 아주 끈끈한 점액이
함유되어 있고 그 속에 씨가 들어 있어 철새들은 이
열매를 따서 깨물어 먹어야 씨가 빠져 나오기도
하지만 맛도 있어 되도록이면 열매를 깨서 그
점액을 많이 먹게 된다.

　철새들이 몇 개를 따서 먹다 보면 입 가장자리에
작은 겨우살이씨와 점액이 끈끈하게 붙어 여간하여
떨어지지 않기 때문에 다른 나무의 가지에 앉아서
나무의 껍질에 대고 입을 닦는데 이때 끈끈한 액에
묻어 있는 씨가 같이 나무의 껍질에 붙어 다시 그
나뭇가지에서 싹이 트고 또 하나의 겨우살이가
태어나게 되어 철새를 이용한 번식 수단을 발휘하는
재치있는 식물이다.

　향로봉은 우리나라 식물의 보고라 할 만큼
아름답고 희귀한 식물들이 많이 자라는 중요한
산이기도 하면서 이러한 수려한 자연과 더불어
오소리, 너구리, 멧돼지 등 야생 동물의
서식지이기도 하다. 더불어 높은 산 고원지에서
서식하는 온갖 아름다운 나비들의 천국이기도 하다.

휴전선의 야생 동물

고원지에 서식하는 나비

향로봉의 야생화 군락

휴전선의 오소리

동부전선

대암산, 용늪

대암산 야생화 군락

강원도 인제군 서화면과 북면 또한 양구군 동면에 걸쳐 광활한 산줄기를 이루고 있는 대암산은 자연생태적으로 중요한 곳이다. 천혜의 늪지 조건을 이루고 있으며, 희귀한 식물들이 자라는 용늪을 잘 보존하여 더욱 많은 생물들이 자랄 수 있도록 대책을 강구해야 할 것이다.

해발 1,304.9미터의 대암산(大岩山)은 소위 '펀치볼'이라 불리는 해안(亥安)분지를 둘러싸는 가장 큰 봉우리로 1973년에 천연기념물 제246호로 지정된 천연보호구역(天然保護區域)이기도 하다.

강원도 인제군 서화면과 북면 또한 양구군 동면에 걸쳐 광활한 산줄기를 이루고 있는 대암산은 항상 운해(雲海)에 봉우리가 가려져 여름철에는 좀처럼 그 모습을 보여 주지 않는 자연생태적으로 중요한 곳이기도 하다.

또한 대암산의 표고(標高) 1,200미터 지점 정상 부근 바로 밑 동쪽 계곡으로 '큰용늪'이라 부르는 평평하고 커다란 늪지가 형성되어 있다. 늪의 길이 297미터, 단경(短徑) 225미터의 달걀 모양 같은 이 늪지는 우리나라 남한 쪽에 있는 유일한 고층습원(高層濕原)지로 안쪽 늪지에는 사초류(沙草類), 산사초 등이 많이 자라고 항상 물이 흐르고 있으며 가장자리에는 '산오이풀', '동의나물', '곰취', '박새', '가는오이풀', '진범', '도깨비엉겅퀴', '구릿대' 등과 더불어 많은 초본류(草本類)와 목본류(木本類)가 자라고 있다.

휴전선의 야생화

대암산의 야생화

고지에 사는 나비

대암산 용늪 전경

또한 안쪽 중심부에는 물이끼 등과 더불어
'끈끈이주걱(Drosera rotundifolia)',
'비로용담(Gentiana Jamesii)', '처녀치마
(Helomiopsis)', '솔체꽃(Scabiosa mansenensis)',
'제비동자꽃(Lychnis uifordii)', '숫잔대(Lobelia
sessilifolia)', '물매화(Parnassia palustris)',
'기생꽃(Trientails europaea)' 등의 희귀 식물들이
이곳 용늪의 습지에서 자라고 있다.

그러나 하나 염려되는 부분은 이렇게 중요한
늪지가 매년 갈수록 그 기능을 잃어간다는 것이다.
위쪽의 산 정상 부근의 능선 쪽에서는 여름의 우기
때에는 많은 토사(土沙)가 흘러들어 차츰 이 늪지의
면적을 좁히고 또한 이에 따라 늪의 특징적인
것들이 조금씩 파괴되어 가는 실정이다. 또 하나는
늪 가운데에 언제인가 오래 전에 인위적인 큰 둑이
만들어졌고, 깊은 곳이 패여 이 늪의 물이 가운데
도랑으로 인하여 급속도로 빠져나가 갈수록
메말라가고 있다. 때문에, 여름에 가뭄이 계속될
즈음에는 바닥의 끈끈이주걱 등이 말라 죽는 현상이
일어나고 있으며 이러한 메마름으로 인하여 늪이
아닌 곳에서 자라는 식물들이 가운데까지 침투되어
군데군데 자라는 것은 이미 이 늪의 기능이
상실되어 가고 있다는 증거가 되는 것이다.

대표적인 예로 '진달래나무(Rhododendron
mucronulatum)'가 이곳 늪의 여기저기에서 많이
자라고 있는 것을 들 수 있다. 이들 진달래 속(屬)은
대개는 산기슭의 물이 잘 흐르는 비탈진 곳에
자라는 것들이기 때문에 이러한 상태는 대단히
염려스런 일이다.

이 용늪이 원래의 기능을 유지하려면 우선
가운데의 둑이나 도랑을 원래대로 평평하게
복원하고 물이 빨리 빠져나가지 않도록 해주어야 할
것이다. 또 하나는 현재 많은 사람들이 무질서하게
이곳을 드나드는 것을 제한하여 지정된 곳으로만
사람이 들어갈 수 있도록 하는 것이다.

끈끈이주걱 • Drosera rotundifolia

제비동자꽃 • Lychnis uifordii

비로용담 • Gentiana Jamesii

처녀치마 • Helomiopsis

비로용담 • Gentiana Jamesii

항상 구름 속에 가려져 천혜의 늪지 조건을 이루고 있으며, 다른 곳에 없는 희귀한 식물들이 자라는 이 늪을 우리는 잘 보존하여 더욱 많은 생물들이 자랄 수 있도록 이제라도 대책을 강구해야 할 것이다.

더구나 이 대암산의 정상 부근은 초여름까지도 서늘한 추위를 느낄 수 있고 8월 하순, 9월 초순이면 이미 가을꽃들이 모두 개화하고 겨울 준비에 들어가는, 그다지 높지 않지만 고산지 같은 기온을 나타내는 곳이다. 이로 인한 탓인지 이곳 대암산의 정상 부근에는 멀리 북녘의 백두산에서 피는 꽃과 금강산 등지의 깊은 산에서 자라는 귀한 고산식물들이 대군락을 이루어 어디에서도 보기 드문 아름다운 광경을 보여 준다. 또한 골짜기마다 울창한 숲을 이루고 자라는 나무들은 사람이 들어가기조차 어려울 정도로 원시림을 이룬다.

북방계 식물인 '애기기린초(Sedum middendorffianum)'는 남한에서는 이곳 대암산의 바위틈과 경기도 화악산의 높은 지대 바위틈에서만 유일하게 확인되는 식물이다. 백두산의 고원지에 자라는 '구름패랭이(Dianthus superbus)', 한라산 정상 부근과 백두산 천지 부근에서 자라는 '닻꽃(Halenia Corniculata)'은 이곳의 산 높은 곳에서 오히려 백두산이나 한라산보다 더 많은 군락을 형성하며 자라고 있다.

더구나 금강산의 높은 곳에서 많이 나는 '솔체꽃(Scahiosa mansenensis)'은 대암산과 두솔산의 정상 부근을 뒤덮을 만큼 많은 꽃을 피워 초가을에 이곳에 오르면 넓은 고원지의 평원에 자주색 옷감을 펼친 듯한 아름다운 풍경을 이룬다.

4월 하순에도 이곳의 산은 눈과 얼음으로 뒤덮여 산을 오르기가 위험하지만 남쪽은 이미 나뭇잎이 움트기 시작하는 시기가 되어 눈과 얼음을 뚫고 뾰족한 창 모양의 꽃봉오리가 나와 화려한 아름다운 꽃을 피우는데 이 식물이 바로 '얼레지(Erythronium Japonicum)'이다. 높은 지대의 숲 속에서 일제히 고개를 들고 꽃잎을 뒤로 날렵하게 올리고 피어나는 모습은 무엇이라 형언하기 어려울 정도로 아름답다.

얼레지는 백합과의 여러해살이 풀로 옛날에는 뿌리를 녹말의 원료로도 썼으며 지금도 강원 지방에서는 얼레지 봄 나물을 산나물 가운데 일품으로 친다.

얼레지는 남쪽으로 남해의 금산에서부터 북쪽으로 올라오면서 크고 높은 산 숲 속에서 일찍 꽃을 피운다. 꽃잎 안쪽에 짙은 자주색의 W자(字) 무늬가 나 있고 풀잎에 연한 색으로 얼룩무늬가 나 있으며 풀잎은 2개가 마주 나고 뿌리가 땅속 깊이 들어간다.

백두산의 숲 속에서 많이 자라는 '촛대승마(Cimicifuga simplex)'는 특히 이곳 대암산 용늪 부근의 숲 속에서도 많이 자라고 있다. 꽃차례가 위로 곧게 서고 많은 꽃이 달려 '촛대승마'라는 이름을 가지게 된 고산식물이다.

'제비동자꽃(Lychnis uifordii)'은 백두산의 늪지 부근에서 많이 자라지만 대암산의 용늪에서도 군락을 이루고 자라며 이외에 단 한군데 대관령에 자라는 곳이 있을 뿐 그 분포지가 매우 좁은 귀한 풀이다.

'새끼꿩의비름(Sedum Viviparum)'은 지금은 이 지역 대암산이나 대우산 가칠봉의 정상 부근에서 발견되나 점차 그 자취를 감추는 듯한 풀이다. 꿩의비름과 닮았지만 전체가 훨씬 왜소한 편이고 꽃 색깔은 꿩의비름과 비슷하다.

'긴잎나비나물(Vicia unijuga var. angustifolia)'도 간혹 자라고 있는데 나비나물과 같이 꽃이 핀다.

'도깨비엉겅퀴(Cirsium schantarense)'는 대개는 백두산 지역이나 북쪽의 심산 지역에서 자라는 풀로 대암산의 용늪 안쪽과 주변에서 꽃이 핀다. 꽃이 엉겅퀴와 비슷하면서도 매우 불규칙한 모양이 차이가 나며 이 때문에 '도깨비엉겅퀴'란 이름을 얻은 것 같다.

'흰잔대(Adenophora triphylla)'와 '요강나물(Clematis fusca)'은 대체로 흔하지 않은 식물이나 이곳에서는 볼 수 있다. ' 흰잔대'는 순백색의 꽃이 피고, '요강나물'은 별로 아름답지 못한 꽃이 피기 때문에 이름도 그렇게 지어지지 않았나 싶다.

우리나라의 높은 산 정상 부근 습기 있는 산기슭

등에 흔히 나는 큰 키의 풀 '박새(Veratrum grandiflorum)'는 백합과의 유독성식물(有毒性 植物)로 이곳 대암산 용늪 주변에서 많이 자라고 있다. 이 풀은 키가 큰 편이고 한여름 대개는 무리를 지어 많은 흰 꽃을 피우고 여름 동안 고산지의 정상 부근에서 늘 안개비 속에 가려져 꽃이 피는 풀이다.

'박새'와 같은 과(科) 같은 속(屬)의 유독식물이며 약재로 쓰이는 풀 '여로(Veratrum maackii var. Japonicum)'는 가는 줄기에 아주 작고 짙은 자주색의 꽃을 피우며 중부와 북부지방의 심산 지역에 나는 풀로 한방 약재로 쓰인다.

예로부터 부인병(婦人病)의 명약으로 그 풀 덩굴이 인삼(人蔘)에 버금간다 하여 이름 지어진 '만삼(蔓蔘, Codonopsis pilosula)'은 풀 전체에 희고 가는 털이 있고 향기가 많이 난다. 더덕하고 같은 속(屬)이고 모양도 비슷하지만 그 자라는 지역이 한계가 있기 때문에 매우 귀한 풀이다. 만삼이 꽃이 피면 향기가 유독 진해 온갖 벌들이 들끓는다. 꽃모양도 더덕의 꽃과 같지만 꽃받침이 더덕보다 훨씬 크고 꽃의 색깔이 전체가 녹색인 것이 다르며 땅속의 뿌리는 깊이 30~40센티미터 이상 곧게 들어간다. 끈끈한 액체가 분출되는 뿌리에서도 향기가 대단하다. 근자에는 무절제한 채취로 인하여 이 대암산의 만삼도 갈수록 그 모습을 찾기가 어려울 정도여서 안타까운 일이다.

'숫잔대(Lobelia sessilifolia)'는 중부와 북부지방의 산골짜기 습기 찬 곳에서 자라고 있으나 근자에는 발견하기 어렵다. 백두산 등지의 습지나 특히 휴전선 지역의 대암산 습지에서 많이 자생하며 여름에 짙은 자주색의 꽃을 많이 피운다.

예로부터 부인병(婦人病)의 보온(保溫)약으로 널리 쓰여 온 풀로 어미에게 이로운 풀이라 하여 약명을 선모초(仙母草)라 하고, 흔히 들국화라 불리는 구절초(九折草)와 같은 속(屬)의 '가는잎 구절초(Chrysanthemum zawadskii HERB. ssp acutilobum)'는 이곳에서는 다른 산의 것에 비해 꽃이 대단히 큰 편이고 꽃의 지름이 약 8센티미터 정도나 되어 식물을 탐사하는 사람들을 놀라게 할 정도이다. 그 크고 화려한 '가는잎구절초'의 꽃은

긴오이풀 • Sanguisorba Longifolia 군락

순백색으로 청아하기 이를 데 없고 높이가 약 30센티미터 정도로 자그마한 것들이 군데군데 무리지어 솔체꽃과 더불어 많이 자란다.

'긴오이풀(Sanguisorba Longifolia)'과 '가는오이풀(Sanguisorba tenuifolia var. alba)'은 특히 이 지역의 높은 곳에서 볼 수 있으며 다른 곳에서는 보기 어려운 풀들이지만 꽃이 화려하지 못하기 때문에 사람들의 관심을 그다지 끌지 못한다.

애기기린초 • **Sedum middendorffianum**

구름패랭이 • **Dianthus superbus**

솔체꽃 • **Scahiosa mansenensis**

촛대승마 • Cimicifuga simplex

얼레지 • Erythronium Japonicum

얼레지의 변종

제비동자꽃 • *Lychnis uifordii*

새끼꿩의비름 • *Sedum Viviparum*

긴잎나비나물
Vicia unijuga var. angustifolia

도깨비엉겅퀴 • **Cirsium schantarense**

흰잔대 • **Adenophora triphylla**

요강나물 • **Clematis fusca**

박새 군락

박새 • Veratrum grandiflorum

눈 속의 박새 새순

개화한 만삼

만삼 • Codonopsis pilosula

여로 • Veratrum maackii var. Japonicum

숫잔대 • Lobelia sessilifolia

가는잎구절초 • Chrysanthemum zawadskii HERB, ssp acutilobum

긴오이풀 • Sanguisorba Longifolia

가는오이풀 • Sanguisorba tenuifolia var. alba

'큰용담(Gentiana axillariflora var. coreana)'은
우리나라 남부와 중부지방의 높은 산 초원에서
자라며 특히 대관령을 따라 높은 산 정상 부근에
피고 대암산 정상 부근의 초원에서도 화려한 꽃잎을
펼치는 아름다운 꽃이다.

산나물 중에서도 그 맛이 뛰어나 곰이 즐겨
먹는다 하여 웅채(熊菜), 일명 '곰취(Ligularia
fischeri)'라고 하는 풀은 전국의 심산 지역에 많이
나며 한라산에서부터 백두산에 이르기까지 높은
산의 정상 부근 약간 습기 찬 곳에서 많이 난다.
휴전선 지역의 높은 고지 부근에도 많이 나며
대암산의 높은 곳에 큰 군락을 이루고 늦은 여름에
일제히 황금색 꽃을 피우면 넓은 초원이 황금물결을
이룬다. 이 나물은 독특한 향기가 있어 매우 호평을
받지만 그다지 많은 양이 나오지 않기 때문에 마른
곰취나물은 시중에서도 고가에 팔리고 있다. 운해에
둘러싸여 둥근 치마같은 풀잎 가장자리의 톱니 끝에
영롱한 이슬 방울처럼 꽃잎에도 촉촉히 이슬을 적셔
주는 습기 많은 곳에서 자라는 풀이다.

대암산의 용늪에는 희귀종인 흰색 꽃
'둥근이질풀(Geranium Koreanum)'이 간혹 몇 그루
자라고 있는데 이들은 매해 찾아갈 때마다
잊지 않고 흰색의 아름다운 꽃을 피운다.

이 밖에도 이곳 대암산에는 '잔대', '모싯대',
'염아자', '송이풀', '흰송이풀', '금강초롱', '참당귀',
'동자꽃', '말나리', '하늘말나리', '참취', '꼬리조팝',
'돌바늘꽃', '수리취', '각시취', '쉬땅나무', '은방울꽃',
'두루미꽃', '큰앵초', '감자난초', '복주머니꽃' 등
아름다운 꽃이 많이 피어난다. 이러한 많은
식물군과 더불어 도롱룡, 무당개구리, 여러 종류의
나비류와 너구리 등을 용늪에서 볼 수 있으나
함부로 들어가기는 대단히 위험한 지역이다.
더구나 일반인을 통제하는 지역으로 더 잘
보존되도록 힘써야 할 중요한 산이기도 하다.

큰용담 • Gentiana axillariflora var. coreana

둥근이질풀 • Geranium Koreanum

꼬리조팝 • Spiraea prunifolia

곰취 • *Ligularia fischeri*

동부전선

두솔산

철모와 털중나리

두솔산은 대암산에서 북쪽으로 바로 그 능선이 이어지는, 일명 도솔산이라고도 불리는 산이다. 높이는 그다지 높지 않으나 식물상은 대암산과 쌍벽을 이루는 중요한 산으로 늪지 같은 것이 없을 뿐 칼날같이 날카로운 긴 능선으로 이어지는 봉우리가 특징적인 산이다.

두솔산(兜率山, 해발 1,147.9미터)은 대암산에서 북쪽으로 바로 그 능선이 이어지는, 일명 도솔산이라고도 불리는 산이다. 높이는 그다지 높지 않으나 식물상은 대암산과 쌍벽을 이루는 중요한 산으로 늪지 같은 것이 없을 뿐 칼날같이 날카로운 긴 능선으로 이어지는 봉우리가 특징적인 산이다.

6·25 전쟁 당시 피의 격전지로 유명한 고지(高地)여서 수많은 병사들이 죽어 봉우리가 더욱 높아졌다는 전설같은 이야기가 있을 정도로 유서 깊은 지역이다.

지금도 전적비가 우뚝 서 있는 두솔산 정상에는 산 곳곳에서 포성이 들리는 듯 최전선의 고지를 실감케 한다.

산 풀섶에는 탄환에 구멍 뚫린 주인 잃은 철모가 뒹굴고 있고 철모 옆에는 가엾은 마음에서인지 중나리꽃이 피어 고개를 숙인 채 기도라도 하는 듯 피어 있다. 산 정상에서 오후에 바라본 전선의 산 능선도 고요하기만 하고 키가 큰 구릿대가 하얀 꽃을 피우고 서 있다.

넓은 초원지에는 '배초향'의 큰 군락이 사열하는
병사들처럼 일제히 자주색 꽃을 피워 멋진 풍경을
이루고, 얼기설기한 철조망 초원에는 '닻꽃',
'송이풀', '투구꽃', '개박쥐나물', '꽃창포', '잔대',
'곰취', '쑥방망이', '개미취', '동자꽃', '물양지꽃',
'금강초롱', '촛대승마', '노루오줌', '마타리' 등 많은
야생화들이 피어난다.

　　이른봄 잿빛의 나뭇가지 밑에서 가장 먼저
'얼레지', '노루귀', '홀아비바람꽃' 등이 피며
옹기종기 모여 자라는 작은 병아리같은 풀
'노랑제비꽃(Viola xanthopetala)'도 일제히 피어나
봄을 알리는 듯 잿빛의 산기슭을 노란색으로 단번에
바꾸어 놓는다. 이들은 전국의 높은 산 길가나 나무
밑에 많이 자라는 제비꽃 속(屬)에 속한다.

꽃창포 • Iris ensata

노랑제비꽃 • Viola xanthopetala

두솔산 배초향 • Agastache rugosa 군락

두솔산 야생화 군락

산꼭대기의 많은 바위 절벽에 납작 엎드려 붙어 자라는 작은 풀들 '난장이바위솔(Sedum leveilleanum)'은 겨울 동안 모진 설한(雪寒)에도 끄떡 않고 여름에 접어들면서 시커먼 바위를 치장이라도 하듯 하얗고 붉은 기가 도는 작은 꽃들을 많이 피운다.

'배초향(Agastache rugosa)'은 전국적으로 분포하지만 특히 태백산맥을 따라 높은 곳에 길게 분포지를 형성한다. 이곳 휴전선 지역에도 많은 군락을 이루고 여름에 향기를 뿌리면 특히 벌과 나비가 많이 찾아오는 꽃 중의 하나이다. 경상도 지방에서는 이 풀잎을 방앳잎이라 하며, 특히 생선 요리에 많이 사용하는 식용 산채(山菜)이다.

'구릿대(Angelica dahurica)'는 미나리과의 풀로 대개 심산 지역의 습지변에서 큰 키를 유지하며 여름에 많은 꽃을 피우고 벌나비를 불러들이는 꽃이다. '꽃창포(Iris ensata)'는 깊은 산골짜기 습기 있는 초원에 나는 풀이며 일종의 붓꽃 속(屬)으로 꽃잎은 붓꽃보다 넓고, 이곳에 피는 것은 그 색깔이 연한 것이 특징이다. '시호(Bupleurum falcatum)'는 중부지방의 심산 지역에 흔히 나는 미나리과의 풀이며 특히 이 지역의 산에서 많이 볼 수 있다.

'개미취' 일명 '자원(Aster tataricus)'은 각처에서 자라지만 대암산과 두솔산에서는 대단위의 큰 군락을 형성하고 있다. 또한 다른 곳보다 꽃의 색깔이 연한 자주색으로 더욱 아름다운 것이 다르다. 개미취는 우리가 흔히 많이 먹는 산나물 가운데 하나이다. 우리의 산과 들에는 많은 취나물 종류가 자라지만 이 개미취는 높이가 적당하고 위에서 가지가 우산 모양으로 퍼지며 많은 꽃이 피는데 다른 국화류와 구별되는 것은 꽃잎의 가장자리가 약간 주름이 지는 듯한 것이다.

'송이풀(Pedicularis resupinata)'은 대체로 큰 산에서 자라나 특히 향로봉, 대암산, 두솔산, 대우산, 가칠봉 등 각 전선 지역의 산에 많은 군락을 이루고 여름에 꽃이 피다 만 듯이 옆으로 틀어져 가며 피어나는 꽃이다.

'송이풀'처럼 '흰송이풀(Pedicularis resupinata)'도 같은 곳에서 순백색의 꽃을 많이 달고 피어난다.

난장이바위솔 • **Sedum leveilleanum**

배초향 • **Agastache rugosa**

구릿대 ● *Angelica dahurica*

흰송이풀은 다른 지역에서는 극히 발견하기가 쉽지
않으며 특히 휴전선 지역의 산에서 많이 자란다.
우리나라의 높은 산인 한라산에서 북녘의 백두산에
이르기까지 높은 곳에는 쥐손이풀 속(屬)이 많이
자라지만 백두산이나 낭림산 등지의 고원지에 나는
희귀종인 '꽃쥐손풀(Geranium eriostemon var.
megalanthum)'은 이곳의 높은 곳에서 그 아름다운
자태를 숲 속에 감추고 꽃을 피운다. 쥐손이풀 속
가운데 꽃잎의 모양이 가장 아름다우며 산 능선에
군락을 이루고 다른 풀과 같이 많이 자란다.

'큰수리취(Synurus excelsus)'는 각처의 산에서 흔히
자라고 꽃이 핀 것인지 시든 것인지 구별이 힘든
꽃으로 꽃이 지고 나서도 겨울 동안 쓰러지지 않고
꽃대가 말라서 남아 있다. 국화과의 일종으로
산나물이고 풀잎에는 많은 섬유질이 함유되어 있어
잎 뒷면이 흰 솜 같다. 마른 것을 부수면 이 흰 솜
같은 게 많이 나오며 강원지방에서는 떡에 쓰인다
하여 '떡취'라 부르기도 한다.

'닻꽃(Halenia Corniculata)'은 꽃의 모양이 배의

'닻' 모양 같다 하여 붙여진 이름으로, 제주도의
한라산 고원지와 백두산 고원지에 분포하며 이곳
휴전선 지역의 대암산과 두솔산에서도 대규모
군락지가 발견되었다. 여름에 녹백색의 꽃이 이상한
모양으로 피는 풀이며 용담과의 희귀 식물로서
불그레한 열매를 맺는다.

이름도 혐오감이 들며 모양도 무섭게 생긴 데다
맹독성을 품고 있는 미나리아재비과의 유독성식물
'진범(Aconitum pseudo-laeve)'은 특히 휴전선 지역
향로봉, 대암산, 두솔산, 대우산, 가칠봉 등에
집중적으로 많이 분포한다. 여름에 벌레 모양의
짙은 자주색 꽃을 많이 달고 피어나는 덩굴로서
꽃에도 가는 털이 많이 나고 줄기가 덩굴같이 다른
나무에 기대어 자란다. 옛날에는 이 풀을 갈아
즙(汁)을 내어 사형장에서 사약(死藥)으로 쓰기도
했다는 지독한 독성이 있는 풀이지만
한방(漢方)에서는 중요한 약재로 쓰이기도
하는 풀이다.

시호 • **Bupleurum falcatum**

개미취 • *Aster tataricus* 군락. 개미취는 자원이라고도 한다.

흰송이풀 ● Pedicularis resupinata

송이풀 ● Pedicularis resupinata

큰수리취 ● Synurus excelsus

꽃쥐손풀 • *Geranium eriostemon var. megalanthum*

닻꽃 • Halenia Corniculata

진범 • Aconitum pseudo-laeve

초가을에 유난히 황금색의 작은 국화 송이를 많이
달고 피어나는 약간 귀한 국화과의 식물
'쑥방망이(Senecio argunensis)'가 특히 이 지역 낮은
곳의 초원에 많이 분포한다. 초가을에 연한
자주색의 개미취꽃과 붉은색의 산비장이꽃,
황금색의 쑥방망이꽃이 어우러져 피면 이곳
오염되지 않고 인적이 드문 휴전선 지역이 아니면
볼 수 없는 아름다운 풍경이 된다.

꽃의 모양이 투구를 닮았다 하는 또 하나의
유독성식물(미나리아재비과) '투구꽃(Aconitum
jaluense)'은 각처의 깊은 산중에서 자라지만 특히
이곳 고지에서 피는 꽃은 더욱 용맹스럽게 보이며
둥글게 솟은 투구 모양의 윗포엽 속에 꽃잎과
꽃술을 감추고 비밀스레 피어 있다.

한방(漢方)에서는 초오(草烏)라는 이름으로
귀중한 약재로 쓰이며, 독성은 있지만 꽃이 크고 그
모양과 풀의 높이가 적당하여 관상용으로 개량하여
집안에 심으면 좋은 관상초가 될 수 있는 지극히
관상적인 꽃이기도 하다.

투구꽃 • Aconitum jaluense

쑥방망이 • Senecio argunensis

동부전선

대우산

대우산에 부서진 채 방치된 소련제 탱크

대우산 윗부분은 대개는 구름에 가려져 있지만 습원지를 이루지는 못하고, 넓고 평평한 산 능선 위에는 많은 식물군이 분포하여 항상 대암산과 같이 식물 탐사가 이루어지는 곳이다. 이곳 대우산의 꼭대기도 다른 고지와 마찬가지로 많은 아름다운 꽃이 봄부터 가을이 다 갈 때까지 계속 피고 지고 하여 다른 데보다 많은 겨울 눈 속에 싸여 겨울을 난다.

휴전선의 야생화

대우산(大愚山, 해발 1,178.5미터)은 대암산과 두솔산, 가칠봉에 이어지는 중간 지점에 위치, 그 산세가 대단히 웅장하고 자연경관이 수려한 곳이다. 많은 동식물군이 서식하는 곳으로 대암산과 같이 대우산 천연보호구역(大愚山天然保護區域)으로 지정된 중요한 산이기도 하다.

산 윗부분은 대개는 구름에 가려져 있지만 습원지를 이루지는 못하고, 넓고 평평한 산 능선 위에는 많은 식물군이 분포하여 항상 대암산과 같이 식물 탐사가 이루어지는 곳이다.

산기슭에는 6·25의 잔해로 부서진 소련제 탱크가 방치되어 있으며 병사들의 고지 주변 철조망 사이로 '쥐오줌풀', '곰취', '동자꽃', '모싯대' 등이 우리를 쳐다보는 듯이 피어난다.

산 정상 부근에는 많은 운해(雲海)에 힘입어 초본류(草本類)들이 큰 군락을 이루며 자란다. 초여름의 이곳 정상에는 봄에 노란 꽃을 많이 피워 낸 '민들레(Taraxacum mongolicum)'가 벌써 뿌연 털을 송글송글 펴내면서 낙하산 모양의 날개 밑에 작은 씨를 매달고 불어대는 남풍을 따라 나부낀다. 얼어붙은 북녘 땅으로 한 포기 민들레를 싹틔우려는지 사람은 더 이상 못가지만 이들 씨는 바람을 타고 잘도 날아간다.

철조망 사이로 보이는 쥐오줌풀

이곳 대우산의 꼭대기도 다른 고지와 마찬가지로
'곰취', '동자꽃', '잔대', '송이풀', '꿀풀', '꽃층층이',
'각시취', '눈개승마', '큰앵초', '모싯대', '금강초롱꽃'
등 많은 아름다운 꽃이 봄부터 가을이 다 갈 때까지
계속 피고 지고 하여 다른 데보다 많은
겨울 눈 속에 싸여 겨울을 난다.

넓고 수려한 산골짜기나 산기슭에는 봄이면
'백당나무', '각시괴불', '구슬댕댕이', '골병꽃나무',
'붉은병꽃나무', '매자나무', '철쭉', '고광나무',
'물참대' 등 많은 나무들이 늦은 봄 초여름에 꽃이
피고 향기를 뿜어댄다. 이 가운데 귀한 종의 나무인
'흰병꽃나무(Weigela florida for candida)'가 근자에
발견되었는데, 휴전선 밖에서는 발견되지 않았으나
이곳 비무장지대 숲 속에서 무리를 지어 많은 꽃을
피우고 있다.

흰병꽃나무 • Weigela florida for candida

대우산 넘어 전선의 민들레 • Taraxacum mongolicum 군락

각시괴불 • *Lonicera maackii*

민백미꽃 군락

다른 곳에도 나오는 나무이지만 흰병꽃나무와 더불어 '각시괴불(*Lonicera maackii*)'나무도 가까운 곳에 자라고 있다. 같은 성(姓)의 병꽃씨라 할까 사람으로 말하자면 김씨, 이씨, 박씨, 조씨 등 갖가지의 성씨들이 모여서 군락을 이루지만 대개는 이들도 사람과 같이 자기의 집안 격인 같은 속(屬) 끼리 모여서 자라는 경향을 보인다.

초여름에 발견된 또 하나의 흰 꽃 군락 '민백미꽃(*Cynanchum ascyrifolium*)'은 다른 곳에서도 많이 나오지만 이곳 휴전선 지역까지 대식구가 모여들어 여기 대우산의 초원에서 순백의 천사옷 모양으로 가녀린 꽃을 피운다.

'구슬댕댕이(*Lonicera Vesicaria*)'도 흰병꽃과 같은 과의 집안이며 희귀종이다. 이러한 자연경관이 수려한 곳에서 자라는 이 나무는 꽃 모양은 인동꽃과 비슷하게 생겼지만 털이 더 많다.

'미역취(*Solidago virga-aurea var. asiatica*)'는 각처에서 흔히 나고 가을에 황색 꽃이 많이 달리는 일종의 산나물이다.

꽃의 모양이 실오라기를 가지런하게 펼쳐 놓은 듯 피어나는 '눈개승마(*Aruncus dioicus*)'는 연한 황색의 작은 덩어리꽃이 많이 달리고 대개는 한군데 많이 모여서 꽃이 피며 지방에 따라서 이 풀은 산나물로도 먹는다. 이곳의 산에 특히 대군락을 형성하고 초여름에 많은 꽃을 피워 화원을 방불케 한다. 숲 사이에는 암꿩이 여러 마리의 병아리같은 새끼를 이끌고 모이를 찾는 모습도 보인다.

과연 수려한 산임을 입증이라도 하듯 발견된 또 하나의 희귀 변종 식물인 '흰색동자꽃(*Lychnis Cognata*)'은 아직 학계에서는 미기록종이 되며 단 한 송이의 백색동자꽃이 거센 비바람에 꽃잎이 찢겨져 나가 만신창이가 되어 있다. 꽃의 모양이 뱀이 입을 벌린 듯하고 풀잎 모양이 배추잎 같다 하여 '산뱀배추' 일명 '참배암차즈기(*Salvia chanroenica*)'라고 하는 풀은 태백산맥의 높은 능선을 따라서 많이 분포한다. 향로봉, 대암산, 두솔산, 대우산 이외 지역에서는 깊고 높은 곳에 자라며 꽃 모양이 특이한 편이다.

민백미꽃 • Cynanchum ascyrifolium

구슬댕댕이 • Lonicera Vesicaria

미역취 • *Solidago virga-aurea var. asiatica*.

눈개승마 • **Aruncus dioicus**

흰색동자꽃 • **Lychnis Cognata**

참배암차즈기 • **Salvia chanroenica**

당잔대 • **Adenophora stricta**

'당잔대(Adenophora stricta)'는 대개는 산에서
흔히 볼 수 있지만 이곳 휴전선에서 피어나는
것들은 꽃의 색깔이 더욱 아름답고 모양도 뚜렷하여
다른 곳의 것과 비교가 되지 않을 정도이다.

우리의 산에서 5월부터 불그레한 꽃을 피우며 산
낮은 골짜기 등지에서 흔히 볼 수 있는, 풀 뿌리에서
노루의 오줌 냄새 같은 게 난다 하여
'노루오줌풀(Astilbe chinensis var. davidii)'이라 하는
범의귀과의 이 풀은 봄부터 가을에 이르기까지 낮은
데서부터 점점 높은 곳으로 올라가며 꽃이 피고,
꽃의 색깔도 점점 높아질수록 더 붉은빛을 띄는
꽃이다. 8, 9월 휴전선 고지의 평원에 이들
노루오줌풀이 큰 군락을 이루고 많은 꽃을 피우면
바로 이것이 대자연의 동산이구나 하고 느껴질 만큼
사람을 매료시킨다.

이들 노루오줌풀과 같이 군락을 이루고 피는
것들로 붉은색의 '말나리', '동자꽃', 연분홍색의
'솔나리', '검솔나리', 노랑색의 '물양지꽃',
'물래나물', '고추나물', '참배암차즈기', 홍색의
'둥근이질풀', '꽃쥐손풀', '구름패랭이꽃', 흰색의
'참취', 자주색의 '금강초롱', '잔대' 등 형형색색의
고산야생화(高山野生花)가 한데 어우러져 차마
발길이 떨어지지 않을 정도이다. 바로 휴전선
지역의 대우산, 대암산, 향로봉이 아니면 그 어느
곳에서도 보기 어려운 풍경이다.

한약재로 흔히 쓰이는 당귀(當歸)라는
미나리과의 식물로 전체적으로 향기가 많이 나는 풀
'참당귀(Angelica gigas)'가 작은 꽃밭 사이에서 우뚝
솟아나와 둥글고 검은자줏빛의 꽃을 많이 달고
불어오는 매서운 바람에 부러질세라 이리저리
흔들린다. 당귀는 농가에서 재배도 하며 늦가을까지
꽃을 많이 피우고 특히 꿀벌들이 많이 모여들어
꿀을 따는 일종의 약재인데 이곳에서는 '개당귀'가
같이 섞여서 자라기 때문에 그 모양이 같아
구별하기 힘들 정도이다. 특히 대우산 능선에는
'가는잎구절초'가 온 산등성이를 덮고 구름 속에서
순백의 꽃들을 많이 피워 산의 초원을 흰색으로
휘감는다.

노루오줌풀 • Astilbe chinensis var. davidii

대우산 야생화 군락

참당귀 • *Angelica gigas*

고려엉겅퀴 • *Cirsium setidens*

가는잎구절초 군락

흰꽃바디나물 ● Angelica decursiva for. albiflora

이들과 같이 '고려엉겅퀴(Cirsium setidens)'와
'흰꽃바디나물(Angelica decursiva for. albiflora)'
등이 같이 섞여서 많은 꽃을 피우다
마지막 가을을 재촉하는 찬바람에 웅크린 듯이
풀잎들은 시들기 시작한다. 특히 봄에 길가에 많이
피는 '매자나무(Berberis Koreana)'는 봄에는 노란
꽃을 많이 피우지만 저물어 가는 가을에는 누우런
나뭇잎 사이로 붉은 포도송이 같은 열매를 많이
매단다. 특히 7, 9월까지 이 산에 많은 꽃이 피면
나비들이 많이 찾아온다. 꽃을 보호하듯 아니면 꽃
사진을 찍는 데 훼방이라도 놓듯 큰 날개를 가진
사향제비나비, 긴꼬리제비나비 등 수많은 나비들이
곰취, 당귀 등의 꽃에 모여들기도 한다.
　천혜의 자연보고(自然寶庫)라 할 대우산은 지금도
국토를 지키는 힘찬 장병들의 함성과 더불어 그
힘을 잃지 않고 더욱 더 푸르게 푸르게 우거진다.

매자나무 ● **Berberis koreana Koreana**

휴전선의 철조망과 동자꽃

휴전선의 야생 동물

대우산의 사향제비나비

꿀을 빨고 있는 대우산의 나비

동부전선

가칠봉

북한군 초소

가칠봉이 금강산의 일만이천 봉우리 가운데 하나라는 것은 금강산 기슭에서 나오는 물이 계속 흘러서 이곳 비무장지대를 통과하여 내려온다는 것과, 비로봉에는 금강산에서 자라는 희귀 식물들이 모두 자라고 이들이 대우산, 두솔산, 대암산까지 같이 분포하는 것을 볼 때 금강산의 산맥을 따라 분포한다는 것이다.

가칠봉(加七峰, 해발 1,242.2미터)은 해안분지를 둘러싸고 가장 북쪽에 위치한 산으로, 북한측과 불과 700여 미터의 거리에서 대치하고 있는 최전선 고지이다. 바로 앞 밀림이 우거진 비무장지대에서는 대남 방송의 확성기 소리가 늘 요란하다.

건너편의 육안으로도 식별되는 그 유명한 스탈린 고지에는 북한 장병들의 움직이는 모습과 '세금 없는 나라', '무료 교육' 등의 커다랗게 씌여진 선전 문구가 큰 봉우리를 어지럽게 덮고 있다.

바로 앞 600여 미터 지점에는 '자주'라는 섬뜩한 붉은 글씨 푯말이 우뚝 세워져 있고, 그 뒤로 북한의 철조망을 따라 군데군데 있는 북한군 초소에는 작업중인 병사들이 이쪽에서 카메라를 들이대자 놀랍게 쳐다본다. 그네들은 매일 두더지처럼 땅굴만 파는지 언제든지 볼 때마다 땅을 파고 무엇을 나르고 한다. 80년대 말경에는 빨래를 하여 철조망에 널기도 하는 것들이 보였지만 지금은 모두 두더지처럼 땅속에 들어가 작업하는 것만 보일 뿐이다. 가칠봉은 그다지 높지는 않지만 위치상으로는 가장 북쪽에 자리한 봉우리이다. 이곳에서 동북쪽으로 멀리 북한 지역을 바라보면 구름이 없는 맑은 날에는 그 아름다운 금강산의 비로봉이 한눈에 들어오며 망원이 아닌 육안으로도 그 모양을 확인할 수 있다.

금강산 원경

금강산 비로봉 부분

이곳 봉우리에서 직선거리로 40킬로미터인 믿기지 않는 거리에 위치한 금강산은 옛날 금강산 1만2천 봉우리 가운데 단 7개의 봉우리가 모자라서 이곳 가칠봉의 봉우리까지 일곱 개의 봉우리로 채워서 비로소 1만2천 봉우리가 되었다 하여

가칠봉이 금강산(金剛山)의 일만이천 봉우리 가운데 하나가 되었다는 설도 있다. 이 때문에 더할 가(加)자를 써서 '일곱 봉우리째'라는 뜻으로 가칠봉(加七峰)이라는 이름이 되었다 한다. 이 말이 근거가 없지도 않은 것이, 멀리 금강산의 주봉인 비로봉까지 40킬로미터이며 그 곳에서 뻗어 내려오는 큰 산의 봉우리와 봉우리가 계속 무산(巫山)으로 이어져 이곳 가칠봉까지 계속 이어진 것을 보아도 알 수 있고, 또한 산줄기의 40킬로미터는 금강산보다 작은 규모인 대개의 산줄기도 그 정도 길이는 흔하게 있는 것을 보아서도 알 수 있다. 또 하나는 금강산 기슭에서 나오는 물이 계속 흘러서 이곳 비무장지대를 통과하여 내려온다는 것과, 비로봉에는 금강산에서 자라는 희귀 식물들이 모두 자라고 이들이 대우산, 두솔산, 대암산까지 같이 분포하는 것을 볼 때 금강산의 산맥을 따라 분포한다는 것이다.

금강산에서 발견되고 자란다는 '금강초롱꽃'은
아마도 가칠봉 부근의 숲 속을 모두 차지할 정도로
많고, 그 밖에 '솔나리', '해오라비난초' 등 희귀
식물도 있다.

'금강초롱꽃', '왜솜다리', '수염며느리밥풀', '진범',
'참취', '구릿대', '참꽃마리', '새끼꿩의비름', '잔대',
'시호', '동자꽃', '마타리', '각시취', '수리취' 등이
많은 꽃을 피운 이곳 봉우리에는 늠름한 국군장병의
철통 같은 경계를 하는 모습 뒤로 불그레한 석양이
물들면 꽃잎들도 오므리고 잠자리에 든다. 겨울에는
혹한과 세찬 바람 속에 적설량도 많지만 최전선의
가칠봉은 늘 안개 속에 가려져 꽃을 찾는이들은
운이 좋아야 맑은 날을 볼 수 있다.

북한에서 대남 방송을 하든말든 비무장지대
안쪽의 철조망 사이로는 '모싯대', '동자꽃',
'털중나리', '초롱꽃', '곰취' 등이 얼굴을 내밀고 방긋
웃는 듯 꽃 피어 있다.

가칠봉 북쪽의 철조망 가 언덕에는 통일의
메시지라도 날려보내는 듯 많은 민들레들이 뿌연
씨앗의 날개를 펴고 북녘의 하늘로 높이 날아
가는가 하면, 철조망 지뢰밭 근처에는 산 속의
어여쁜 색시처럼 '큰각시취(Saussurea japonica)'가
자주색의 고운 꽃송이들을 여러 개씩 달고
천연덕스레 피어 있다. 큰각시취는 태백산맥의 높은
봉우리를 따라 자라지만 특히 가칠봉에 핀 꽃은 그
색깔이 더욱 짙고 뚜렷하여 다른 데 것보다
더 아름답게 보인다.

'솔나리(Lilium Cernum)'는 백합과의 희귀한
야생나리 가운데 하나로 휴전선 이남 지방에서는
찾기 어려운 식물이다. 예전에는 많이 자랐으나
무절제한 채취로 인하여 그 종(種)이 산에서는 볼
수 없을 정도로 되어 버렸다. 그러나 이곳
비무장지대 안의 초원에는 여러 포기가 군락을
이루고 '검솔나리(Lilium eernum)'와 같이 자라며
여름의 운해 속에서 날렵한 꽃잎을 뒤로 둥글게
말아올리고 연분홍색의 짙은 자줏빛 반점이 나 있는
아름다운 꽃을 피워 또 하나의 반가운 식구가 된다.

'둥근잔대(Adenophora coronopifolia)'는 향로봉,
대암산, 대우산 등지에서도 같이 자라고 작은

큰각시취 • **Saussurea japonica**

종(鐘)같은 예쁜 꽃을 조랑조랑 달고 붉은색, 홍색,
청자색, 연한 자주색 등의 꽃으로 숲 속을 더욱
아름답게 꾸며 준다.

설악산의 암벽에 조금 남아 가까스로
그 명맥을 유지하고 있는 한국특산식물인
솜다리(에델바이스)와 같은 식구 격인 같은
속(屬)의 '왜솜다리(Leontopodium japonicum)'는
중부지방의 소백산 정상 부근에서는 그 명맥을
유지하며 자라지만, 휴전선 지역의 향로봉 정상
부근에서는 대군락지를 형성하여 여름에는 초원을
온통 회색으로 덮어 놓는다.

이곳 가칠봉 정상 부근도 이들 '왜솜다리'의
식구들이 전지역을 차지하고 있는데 여름에 구름
속에 가려진 이곳에서 솜으로 뭉쳐 만들어진 것
같은 회색빛의 왜솜다리꽃이 이슬 방울을 방울방울
매달고 장난기 어린 소녀들같이 길가 풀섶에
피어난다.

솔나리 • Lilium Cernum

검솔나리 • Lilium eernum

철조망과 모싯대

둥근잔대
Adenophora coronopifolia

왜솜다리 • Leontopodium japonicum

큰 나무 하나 없는 삭막한 산 정상의 풀섶에서
커다랗고 가느다란 줄기 끝에 흰 꽃을 여러 개 달고
북한 병사들이 놀아나는 것을 비웃기라도 하듯 허리
굽혀 피어나는 '눈빛승마(Cimicifuga davurica)'도
드문드문 잡초 사이에서 꽃을 피운다.

이들과 더불어 흰구름이 덮이는 것이 싫어서인지
약간 내려와 산골짜기의 도랑가 숲 가장자리에서
황금빛 고깔 모양의 꽃을 가느다란 실에 매달아
놓은 듯이 매달려 꽃이 피는 야생봉선화의 하나인
'노랑물봉선(Impatiens nolitangere)'이 가을이 올
때까지 계속 고운 꽃을 피우고 열매 꼬투리를
맺는다. 사람이 접근하면 씨앗이 먼저 터져
버리는데 매우 탄력적으로 터지는 씨는 멀리까지
튀겨나가 번식하게 된다.

사람이 오는 것을 싫어하는 식물 가운데 하나여서
꽃말도 '나에게 가까이 오지 마세요'라고 한다.
예부터 물봉선류는 모두 염료재로 쓰였으며
유독성식물이다. 이들 온갖 아름다운 꽃들은
떠들어대는 대남 방송과 몰려오는 운해 등과 때로는
숨바꼭질하고 때로는 같이 웃고 피는 듯하다.
봄, 여름, 가을이 지나고 접시 모양의 해안분지에
흰구름이 가득 담겨지면서 가칠봉의 한 해는 저물어
가고 얼어붙은 북녘 땅에 복음을 전하는 정상의
크리스마스트리가 반짝거리면 모든 자연은 깊은
동면으로 빠지게 된다.

노랑물봉선 • Impatiens nolitangere

눈빛승마 • Cimicifuga davurica

동부전선

해안분지와 두타연

해안분지 주변의 산지에는 아직도 6·25의 전흔들이 남아 있어 위험한 지역이지만 많은 식물군이 자라고 있다. '잔대', '노루오줌', '물양지꽃', '메꽃', '짚신나물', '얼레지', '제비꽃', '삼지구엽초', '참나리', '노랑제비꽃', '천남성' 등 수많은 아름다운 꽃들이 위험표지판이 있는 줄 아는지 모르는지 형형색색으로 핀다.

휴전선의 야생화

34번국도 최북단의 비

해안분지(亥安盆地)는 대암산, 대우산, 두솔산, 가칠봉 등의 큰 봉우리가 둥글게 병풍처럼 둘러싸인, 일명 '펀치볼'이라 부르는 곳으로 평평한 고운 밀가루가 주먹으로 내려치니까 사방으로 둥글게 퍼져 접시같은 모양을 하여 전쟁 당시 외국군에 의해 붙여진 이름이다. 이곳은 남북으로 약 8킬로미터, 동서로 약 6킬로미터인 타원형의 운동장 같은 분지이며 해안분지의 제일 낮은 해발은 평지(平地)가 해발 500미터이고 분지벽(盆地壁)이 1,000미터 넘는 높은 산지이기도 하다. 옛날에는 이곳 분지 안에 사람이 들어가기 곤란할 정도로 뱀이 너무 많아서 그 방지책으로 어느 대사께서 뱀이 가장 싫어하는 뱀의 천적인 돼지 해(亥) 자(字)를 바다 해(海) 자(字)보다 먼저 썼다는 것이다. 그래서 원래는 해안분지(海岸盆地)로 표기되어야 하는 것이 그 이후로 '해안분지(亥安盆地)' 즉 돼지 해(亥) 자와 편안한 안(安) 자로 바꾸어 쓰게 되었다. 그래서인지 뱀들이 모두 없어지고 이후로 그 마을이 지금까지 편안하게 되었다는 설(說)이 있다.

아침에 운해(雲海)가 덮일 때는 꼭 바다를 연상케 하는 아름다운 이곳은 1개 면(面)에 많은 논과 밭이 있어 많은 곡물이 생산되기도 하는 민통선 마을 가운데 하나이다.

금강산 지역의 계곡물

두타연 폭포 전경

북괴의 제4 땅굴이 발견된 곳이기도 한 최전방 지역이기도 하고 남북통일이 이루어진다면 관광의 명소가 될 수 있는 중요한 지역이기도 하다.

분지 주변의 산지에는 아직도 6·25의 전흔들이 남아 있어 위험한 지역이지만 많은 식물군이 자라고 있다. '염아자', '잔대', '노루오줌', '물양지꽃', '메꽃', '짚신나물', '얼레지', '제비꽃', '삼지구엽초', '참나리', '말나리', '각시원추리', '엉겅퀴', '홀아비바람꽃', '큰연영초', '노랑제비꽃', '천남성' 등 수많은 아름다운 꽃들이 위험표지판이 있는 줄 아는지 모르는지 형형색색으로 핀다.

가칠봉 밑 비무장지대 부근의 명소 두타연(頭陀淵)은 금강산 쪽의 맑고 깊은 계곡에서 내려오는 물이 모여 못을 이룬 곳이다. 깊고 넓은 못과 20여 미터의 천연동굴이 있으며 부근 높은 봉우리의 암벽에는 천연기념물인 '검독수리'의 서식지가 있기도 하다. 휴전선 지역 중 가장 수림이 우거지고 자연경관이 빼어난 곳 중 하나이다.

안쪽에는 34번 국도 금강산 가는 길이 분단점에 이르고 누가 세웠는지 모를 이끼 낀 비석이 길 가운데 서 있다. 더 이상 가지 못하는 길 바로 위 고개를 넘으면 금강산으로 들어가는 국도이련만 더 이상 갈 수는 없다.

금강산 가는 길의 이정표라도 되는 듯 커다란 키에 꽃도 줄기도 노란 '마타리(Patrinia scabiosaefolia)'가 외롭게 길목을 지키고 있다.

금강산 골짜기의 맑은 물은 큰 내를 이루고 소리 내며 휴전선의 철조망을 넘어 이곳으로 계속 흐른다. 이 물의 수온이 차가운 데다 맑고 오염이 되지 않아 이곳 두타연과 각 하천에는 천연기념물인 민물고기 '어름치'와 '열목어'가 서식하고 있으며 숲 속에는 '금강초롱꽃', '흰금강초롱', '눈괴불주머니', '진돌쩌귀', '가시오갈피나무' 등이 빽빽히 자라고 꽃이 핀다.

금강산 입구의 맑은 계곡물

금강산 가는 길의 마타리 • Patrinia scabiosaefolia

통발 • **Utricularia japonica**

두타연을 중심으로 각 계곡 하천변의 습지에는
많은 희귀 식물이 자란다. 늪지의 물에서 아름다운
꽃을 피우는 '통발(Utricularia japonica)'과 여름에
흰잠자리 모양의 아름다운 꽃을 피우는
'잠자리난초(Habenaria linearifolia)'가 이곳
비무장지대 안 늪지나 하천변의 습지에서 자란다.
또 하나의 희귀 식물이 되어버린 난초류가 있다.
금강산 골짜기의 늪지와 경기도 한 곳의 늪에서만
자라던 것으로 이곳 비무장지대 늪에서 다시 만날
수 있는 '해오라비난초(Habenaria radiata)'이다.
햇빛이 비치는 풀섶 습지에서 가녀린 꽃을 피우고
숨은 듯이 자라는 이 꽃은 '해오라비' 새가 나는
듯한 모양의 꽃을 피운다.
'참비비추(Hosta clausa)'도 숲 가장자리 냇가에서
눈물을 머금은 듯한 꽃망울을 터뜨리고 있고,
'쥐방울덩굴(Aristolochia contorta)'도 숲 가장자리
또는 냇가의 나무에 매달려 작은 요염한 꽃을
피운다. 이 꽃에는 곧 밤알만한 열매가 열리며 꽃에
비하여 열매가 크고 겨울에 낙하산 모양으로 갈라져

잠자리난초 • **Habenaria linearifolia**

씨가 나온다.

　꽃 모양이 색소폰 같은 악기 모양으로, 같은 과의 꽃칡덩굴로 오인하는 경우가 더러 있는, 칡과 잎이 닮은 '등칡(Aristolochia manshuriensis)'은 쥐방울과의 '쥐방울'과 같은 속(屬)으로 우리가 흔히 즙(汁)으로 먹고 있는 칡과는 다른 유독성식물이다. 산 계곡에 흔히 나지만 이곳에서도 많이 자란다.

　하천변의 초원지에는 산나리 가운데 그 모양이 가장 화려한 '털중나리(Lilium amabile)', '중나리(Lilium leichtlinii var. tigrinum)' 등이 날렵한 꽃잎을 뒤로 젖히고 매우 정열적이고 아름다운 모습을 보여 준다.

해오라비난초 • *Habenaria radiata*

참비비추 • *Hosta clausa*

쥐방울덩굴 • *Aristolochia contorta*

중나리 • *Lilium leichtlinii var. tigrinum*

등칡 • *Aristolochia manshuriensis*

털중나리 • Lilium amabile

흰금강초롱꽃 • Hanabusaya asiatica for. alba.

설악산 한계령, 향로봉 등에서 드물게 발견되는 '흰금강초롱꽃(Hanabusaya asiatica for. alba)'도 이곳 숲 속에서는 많이 볼 수 있지만 너무 숲이 우거지고 위험지대라 좋은 모양의 '흰금강초롱' 사진을 얻기는 매우 힘들다.

외지에서 들어와 강원 동부 내륙지방, 기타 경기도까지 분포하는 '전동싸리(Melilotus suaveolens)'가 이곳 휴전선 지역 깊이까지 들어와 노란 꽃을 편다.

'종덩굴(Clematis fusca var. violacea)'은 각지의 깊은 산에 나지만 이곳의 숲 가장자리에서도 열매 모양의 짙은 자주색 꽃을 매달리는 듯 피운다.

'궁궁이(Angelica polymorpha)'는 각처의 심산 지역 산골짝 냇가 근처에 흔히 나며 이 지역의 냇가 부근 습지에도 많이 자라고 그윽한 향기를 뿜어대어 온갖 휴전선의 벌과 나비들을 모아들인다.

'염아자(Phyteuma Japonicum)'는 '영자자'라 하기도 하는 도라지과의 식물로 각처의 골짜기 습지변에서 자라는데 짙은 하늘색의 꽃 모양이 여자의 머리칼을 흐트러 놓은 듯이 여러 개가 가는 꽃잎을 하고 엉켜 있으며 특히 이곳 숲 속에서 많이 자란다.

이 오염되지 않은 깨끗한 계곡에 많은 꽃이 계속 피어나면 온갖 곤충 따위가 모여들기 마련이고, 이 곤충을 먹고 사는 또 다른 곤충이 있기 마련이다. 호랑무늬의 호랑거미도 그 중의 하나. 열심히 거미줄을 치고 흰 글씨라도 쓰는 듯 부지런히 움직이는 모습에서 자연이 살아 있음을 실감한다.

전동싸리 • *Melilotus suaveolens*

호랑거미

궁궁이 • Angelica polymorpha

종덩굴 • Clematis fusca var. violacea

염아자 꽃

염아자 • Phyteuma Japonicum

한라산 백록담 봄기운이
휴전선 철조망을 휘몰아
백두산 천지 백리향 정기로
내리고
휴전선 철조망은
사랑의 야생화로 무너지는가

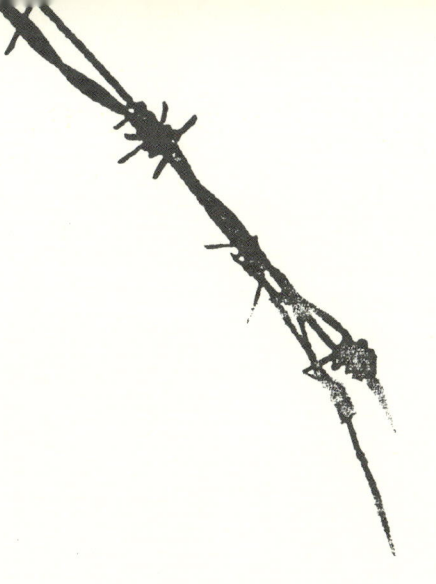

중부전선

수상리, 천미리, 평화의 댐
백암산, 적근산
대성산, 복주산, 광덕산
철원 월정리, 정연리, 갈말읍

중부전선

수상리, 천미리, 평화의 댐

수상리 평화의 댐

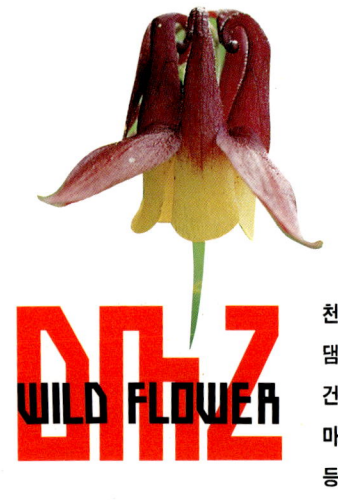

천미리와 수상리는 이곳 평화의 댐 주변 지역이다. 천미리는 댐이 건설되기 전에는 화전민의 작은 마을이 있던 곳으로 산채나 약초 등의 채집을 생업으로 하며 살던 산초 마을이었다. 그러나 지금은 평화의 댐 건설과 함께 이 토속적인 산마을도 그 자취를 감추었다.

평화의 댐 지역은 강원도 화천군의 화천호(華川湖), 파로호(破虜湖)의 상류에 위치하고 있다. 이 강의 원류(原流)인 북쪽에서 금강(金剛) 댐이 건설됨으로 인하여 그 대응책으로 건설된 댐이기도 하다.

천미리(天尾里)와 수상리(水上里)는 이곳 평화의 댐 주변 지역이다. 천미리는 댐이 건설되기 전에는 화전민의 작은 마을이 있던 곳으로 산채(山菜)나 약초(藥草) 등의 채집을 생업으로 하며 살던 산초 마을이었다. 그러나 지금은 평화의 댐 건설과 함께 이 토속적인 산마을도 그 자취를 감추었다.

그러나 구비구비 병풍처럼 둘러싸인 양쪽의 산기슭을 따라 길게 휘감아 도는 수상리 하천(河川)의 은모래는 지금도 그 빛을 잃지 않고 흐르는 물 줄기를 감싸 주며 하얗게 빛을 낸다.

맨 위쪽의 하천 바닥은 대단히 넓은 평원지로 되어 있으며 이 평원에는 단 한 가지의 풀이 큰 군락을 형성하고 자란다. 여름에 연한 홍색의 꽃을 무수히 피우는 이 풀 때문에 멀리 언덕에서 내려다본 강바닥은 흡사 녹색 바탕의 하늘에 흰 은하수의 별을 수놓은 듯 끝없이 펼쳐져 보인다. 아침 이슬 방울에 반짝이는 이 꽃이 바로 '메꽃(Calystegia Japonica)'이다.

이 꽃은 원래 저지대의 습진 곳에서 흔히 자라는데 이곳에서처럼 수십만 평의 넓은 땅을 뒤덮고 자라는 것은 이곳 수상리 강바닥에서나 볼 수 있는 아름다운 광경이다. 이곳 수상리 댐 주변의 산기슭에는 많은 희귀 식물군이 분포해 있다. 숲 속 음지에 들어서면 '천마' 등이 잎도 없이 투명한 꽃줄기를 내밀면 흡사 콩나물이 한꺼번에 나오듯이 여기저기 땅속에서 솟아나오는 매우 기름진 토양을 유지한 산기슭이다.

메꽃 • Calystegia Japonica

수상리 강 바닥의 메꽃 군락

매발톱꽃 • **Aquilegia buergeriana var. oxysepala**

초롱꽃 군락

초롱꽃 • **Campanula punctata**

산자락 낮은 곳이나 냇가 낮은 초원지에는 꿀주머니를 매단 채 고개를 숙이고 요염하게 피어나는 꽃 '매발톱꽃(Aquilegia buergeriana var. oxysepala)'이 여기저기 피어난다.

이 꽃은 대개 깊은 산속의 초원에서 자라는 귀한 식물이다. '초롱꽃(Campanula punctata)'은 중부 지방의 각처 경기, 강원, 충북, 경북 지방 등의 낮은 곳에 흔히 나지만 특히 휴전선 지역의 향로봉, 건봉산, 대암산, 대우산, 가칠봉과 이곳 지역 등에서는 낮은 데서부터 고지에 이르기까지 많은 군락을 이루고 꽃을 피운다. 꽃에도 털이 많아 아침이면 이슬 방울이 많이 맺히는 이 꽃은 여러 개가 밑을 향해 달려 종(鐘) 모양으로 피며 특히 휴전선 안쪽에 피는 것들은 꽃이 큰 것과 길다란 것, 순백색과 연한 녹색 등 약간씩 모양과 색깔이 다른 것들이 많이 있다.

우리나라 각 지방의 깊은 산골짜기에서 나는 봄 산나물 가운데 그 향기가 가장 으뜸 가는 산나물로 우리와 친숙한 나물인 '참나물(Pimpinella brachycarpa)'은 이곳 숲 속에서도 '노루참나물'과 같이 눈에 많이 뜬다. 더욱이 인적이 드문 곳이기에 그대로 자라다보니 가을이면 많은 꽃을 피워 향기를 뿜는다.

숲 가장자리 약간 습기 있는 그늘진 풀섶에서 연한 자주색의 꽃을 피우는 '비비추(Hosta longipes)'도 다른 꽃에 질세라 많은 꽃을 달고 옆으로 향하여 꽃잎을 방긋이 벌린다. '비비추'는 화단에 심기도 하는 흔한 풀이지만 사람의 간섭을 받지 않고 자라는 이곳의 '비비추'는 더욱 청아한 맛을 풍긴다.

참나물 • Pimpinella brachycarpa

비비추 • Hosta longipes

백당나무 • *Viburnum sargentii*

고광나무 • *Philadelphus schrenckii*

　산기슭 나지막한 곳에서 순백색의 탐스런 꽃을
뭉개구름처럼 피우는 '백당나무(Viburnum
sargentii)'는 관상용 나무로서 초여름에 꽃이 많이
핀다. 가을이면 붉은 포도송이 같은 열매가
맺히는데 초겨울 눈이 올 때까지 그 수정같이 맑은
열매를 달고 있다. 철새들을 위해 고히 간직하듯
매우 아름다운 열매 가운데 하나이다.
　'고광나무(Philadelphus schrenckii)'는 관상수로
쓰일 만큼 아름다운 나무로 여름에 순백의 매화같은
꽃이 많이 피는데 향기를 퍼뜨리면 많은 벌나비가
몰려드는 좋은 나무이다.

　우리나라의 산에 피는 야생백합 가운데
그 모양과 색깔이 뛰어난 백합
'말나리(Lilium distichum)'는 특히 휴전선 지역의
높고 깊은 산에 많이 난다. 꽃의 색깔이 다른 지역의
것에 비해 훨씬 표현하기 어려운 색으로 노란빛이
도는 붉은색 바탕에 짙은 자줏빛의 반점이 나 있고
옆을 향해 꽃잎을 활짝 피우는 이 꽃은 매우
정열적인 소녀같기도 한 꽃이다.

말나리 • Lilium distichum

주로 북쪽 지방의 깊은 산 골짜기에 분포하므로 남쪽에서는 대단히 귀한 '큰제비고깔(Delphinium maackianum)'은 미나리아재비과의 식물로서 보랏빛의 아름다운 꽃 모양이 고깔같다.

양지바른 언덕의 작은 풀밭에서 새끼줄 같은 꽃대에 매달려 햇볕에 더욱 요염한 분홍빛의 야생 난초 '타래난초(Spiranthes amoena)'가 이곳 깊은 골짜기에서는 더욱 깨끗하고 힘이 있는 느낌을 준다. '꿩의다리(Thalictrum aquilegifolium)'도 이곳 숲 속이나 초원에서 가늘고 긴 줄기를 내밀고 꽃을 피우고, '차풀(Cassia mimosoides)'도 길가 풀섶에서 샛노란 작은 꽃을 풀잎 뒤로 감춘 채 가녀리게 피어난다. 양귀비과의 연약한 풀 '산괴불주머니(Corydalis speciosa)'가 늦은 봄의 산자락에서 다른 꽃에 질세라 황금색의 많은 꽃을 달고 피어난다.

이 밖에도 '양지꽃', '제비꽃', '족도리풀', '노루귀', '노랑제비꽃', '노루삼', '병조희풀', '미역줄나무', '태백제비꽃', '까치수염', '고추나무', '국수나무', '다래', '병꽃나무', '조팝나무', '생강나무', '노루오줌', '우산나물', '꼭두서니' 등 많은 식물군이 분포해 있다.

화천호(華川湖)는 파로호(破虜湖)로 더 알려진 곳으로 전국의 강태공들이 즐겨 찾는 호수이기도 하다. 그 어느 호수보다 맑은 물을 유지하는 곳이어서 지금도 이곳의 파로호와 상류에 위치한 평화의 댐에는 많은 관광객이 다녀가고 있다. 그래서인지 이곳도 옛날같은 청정한 맛은 잃어가고 있다.

큰제비고깔 • **Delphinium maackianum**

타래난초 • **Spiranthes amoena**

차풀 • *Cassia mimosoides*

꿩의다리 • *Thalictrum aquilegifolium*

산괴불주머니 • *Corydalis speciosa*

중부전선

백암산, 적근산

화천댐 방류

DMZ
WILD FLOWER

휴전선의 야생화

화천의 파로호 전적비, 굉음을 내며 물길을 토해 내 강으로 흘려 보내는 거대한 호수의 물과 더불어 이곳 민통선 지역의 숲 속에도 어김없이 작은 풀들이 큰 나무가 잎이 나기 전에 옹기종기 모여 형형색색의 작고 귀여운 꽃들을 피워내고 많은 꽃들이 피어나면 산은 우거지기 시작한다.

백암산(白岩山, 해발 1,173미터)과 적근산(赤根山, 해발 1,073미터)은 민통선 안쪽에 위치한 큰 산들이다. 이 지역은 겨울철이면 기온이 많이 내려가고 적설량이 많은 곳으로 향로봉, 가칠봉 등과 같이 휴전선의 손꼽히는 고지들이다. 봄눈과 얼음이 녹기 시작하면서 산기슭 낮은 곳에서는 파릇파릇한 새싹의 풀잎이 나오지만 5월의 봄답지 않게 때때로 눈이 내려 진풍경을 연출하는 곳으로 낮은 곳의 푸르름과 높은 곳의 흰눈 덮인 것을 보면 외국의 어느 고원지를 보는 느낌마저 들게 하는 곳이다. 화천의 파로호(破虜湖) 전적비, 굉음을 내며 물길을 토해 내 강으로 흘려 보내는 거대한 호수의 물과 더불어 이곳 민통선 지역의 숲 속에도 어김없이 작은 풀들이 큰 나무가 잎이 나기 전에 옹기종기 모여 형형색색의 작고 귀여운 꽃들을 피워낸다. '현호색', '산괴불주머니', '얼레지', '뫼제비꽃', '생강나무', '진달래', '냉이', '꽃다지', '참개별꽃', '할미꽃', '꿩의바람꽃', '고깔제비꽃' 등 많은 꽃들이 피어나기 시작하면 하루가 다르게 산은 자꾸 푸르게 푸르게 우거지기 시작한다.

이들 숲이 우거지기 시작하면 그늘 속에서 커다란 높이에 꽃을 통 속에 숨기고 피어나는 유독성식물 '두루미천남성(Arisaema heterophyllum)'이 많이 자란다. '큰엉겅퀴(Cirsium pendulum)'는 대관령 지방에서부터 북쪽의 제일 높은 곳 백두산까지 자라는 풀인데 이곳 내륙의 깊은 곳에서도 온몸에 부드럽고 흰 작은 털을 뒤집어쓰고 부끄러워 고개를 숙인 듯 고개를 떨구고 연한 분홍색의 꽃을 피운다.

'흰그늘돌쩌귀(Aconitum uchiyamai)'는 대개는 북쪽 지방에서 자라는 희귀한 식물이지만 이곳 숲속과 남쪽으로 복주산, 광덕산까지 그 분포지를 넓히고 가을에 순백의 투구같은 아름답고 청아한 꽃을 피우는 유독성식물이다.

두루미천남성 • **Arisaema heterophyllum**

민통선 안의 야생화 군락

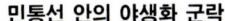

큰엉겅퀴 • *Cirsium pendulum*

흰그늘돌쩌귀 • *Aconitum uchiyamai*

풀을 건드리면 누린내가 몹시 나는
'누린내풀(Caryopteris divaricata)'은 꽃잎보다 휘어진
꽃술이 더 잘 보이는 작은 꽃이기도 하다.

꽃은 냉이같고 잎은 미나리를 닮아서 그 이름이
생긴 '미나리냉이(Cardamine leucantha)'는
산골짜기의 습기 있는 초원에서 큰 군락을
이루고 자란다.

예로부터 이른봄의 심산 지역에서 곰이나 멧돼지,
산토끼 등이 긴 동면에서 깨어나 이 꽃을 따먹지
못하면 뱃속에 굳어 있는 배설물을 배설하지 못하여
병에 걸려 죽게 된다고 하는 '앉은부채(Symplocarpus
renifolius)'는 이른봄에 꽃이 피며 손바닥 같은 큰
포엽에 자줏빛의 얼룩무늬가 나 있다. 이 포엽 속에
도깨비 방망이 같기도 하고 거북의 등 같기도 한
자줏빛의 둥근 꽃잎이 있는데 황색 꽃술의 노란
꽃밥을 달고 여러 개가 사방으로 나와 있는 것이
특이하다.

미나리냉이 • **Cardamine leucantha**

누린내풀 • **Caryopteris divaricata**

이 꽃은 유독성식물이며 꽃이 먼저 눈과
얼음을 뚫고 뾰족하게 나와 있으면 어느새 곰,
멧돼지, 산토끼 등이 찾아와서 포엽은 그대로 두고
속에 들어 있는 둥근 꽃만 따먹고 가버리기 때문에
이 꽃이 피었을 때 짐승의 발자욱이 나 있으면 이미
꽃을 찾아다니는 사람이 한발 늦어서 빈 포엽만
남아 있기 일쑤이다.

음양곽(淫羊霍)이라 하여 지금까지도 남성들
사이에서 천하의 정력제로 알려진
'삼지구엽초(Epimedium Koreanum)'는 이름 그대로
가지가 3개이고 잎이 9개라는 뜻인데, 잎 모양이
흡사 심장처럼 생겼다. 심산 지역의 숲 속 그늘에서
나며 이른봄 다른 풀보다 앞서 나와 닻 모양의 꽃이
피는 풀이다. 근자에는 무절제한 채취로 인하여
야생종은 찾기 어려운 지경에 이르렀다.
이와 비슷한 풀로 '산꿩의다리'와 '꿩의다리아재비'
등이 있다.

'괭이눈(Chrysosplenium grayanum)'은 포엽과
꽃잎이 같은 노란색으로 골짜기 습기 찬 곳에 흔히
나며 꽃이 지고 늦은 여름에 씨가 열리면 그 모양이
고양이가 햇볕에서 눈을 감은 듯한 모양이라고 해서
이름이 지어졌다고 한다.

'태백제비꽃(Viola albida)'은 중부지방의 각처에서
나며 이른봄에 흰 꽃이 핀다. 이곳에서부터
남쪽으로 복주산, 광덕산, 백운산에 이르기까지 높은
골짜기의 숲 속에는 '홀아비바람꽃(Anemone
narcissifora)'이 흰 꽃을 많이 피운다.

'산수국(Hydrangea macrophylla)'은 각처에서 흔히
나지만 이곳과 복주산, 광덕산, 화악산 등지에 나는
것들은 그 꽃의 색깔이 보다 짙은 색이거나 혹은
백색이며 꽃도 아주 작은 것이 있다.

탐스런 꽃을 피우는 '숙은노루오줌(Astilbe
Koreana)'은 이곳에서부터 남쪽으로 화악산에
이르기까지 많이 분포해 있다.

'물양지꽃(potentilla cryptotaeniae)'은 심산
지역에서 많이 나며 이곳 휴전선 지역의 산 습기
있는 곳에서는 대군락지를 형성하여 초가을까지
황금색의 작은 꽃들이 숲 속을
환히 밝혀 주는 것 같다.

앉은부채 • **Symplocarpus renifolius**

삼지구엽초 • **Epimedium Koreanum**

괭이눈 • *Chrysosplenium grayanum*

홀아비바람꽃 • Anemone narcissifora.

태백제비꽃 • Viola albida

산수국(백색)

산수국(분홍색)

산수국 • Hydrangea macrophylla 은
각처에서 흔히 나지만
이곳과 복주산, 광덕산, 화악산 등지에
나는 것들은 그 꽃의 색깔이
보다 짙은 색이거나
혹은 백색이며
꽃도 아주 작은 것이 있다.

물양지꽃 군락

털이 길게 꽃잎에까지 나고 연약한 듯 요염한 모양의 꽃을 피우는 작은 풀 '절국대(Siphonostegia chinensis)'는 풀섶에서 초가을에 가녀린 꽃을 피운다. 심산 지역 숲 가장자리에서 많이 나는 '산외(Schizopepon bryoniaefolius)'는 특히 휴전선 지역의 숲에서도 많이 나고 작은 대추알만한 맑은 수정같은 열매를 달고 있는 독성이 있는 식물이다.

'냉초(Veronica sibirica)'는 대개 높은 산 초원에서 자라며 휴전선 각처의 높은 고지에서도 여름에 하늘색의 많은 꽃이 핀다. 꽃이 하늘을 향해 핀다 하여, 또한 꽃과 풀잎이 말나리를 닮았다 하여 이름 지어진 '하늘말나리(Lilium miquelianum)'는 이곳 휴전선 지역에서는 더욱 붉은색으로 아름답게 핀다.

하늘색 꼬리 모양의 꽃차례에 작은 꽃이 많이 모여 달려 청아하게 피어나는 '산꼬리풀(Veronica rotunda var. subintegra)'은 휴전선 지역에서 많이 볼 수 있는 꽃이며 화악산까지 계속 많이 핀다.

꽃받침 잎은 연한 홍자색이며 꽃술은 황금색이고 꽃잎은 없는 꺽다리에 멋없이 피어나는 작은 꽃 '금꿩의다리(Thalictrum rochebrunianum var. grandisepalum)'는 여러 곳에서 흔히 나지만 특히 이 지역의 낮은 들이나 산기슭에서 많이 볼 수 있다.

'큰원추리(Hemerocallis middendorfii)'는 높은 산의 초원지에서 철조망이 가로막힌 것을 한탄이라도 하듯 아침에 노란 꽃을 피웠다가 오후에는 꽃이 시들면서 실바람에 이리저리 흔들거린다.

이곳의 민통선 지역에서도 이렇듯 많은 아름다운 꽃들이 봄부터 가을까지 계속 피고 지며 전선을 아름답게 수놓는다.

물양지꽃
Potentilla cryptotaeniae

절국대 • **Siphonostegia chinensis**

산외 • Schizopepon bryoniaefolius

숙은노루오줌 • Astilbe koreana

냉초 • Veronica sibirica

하늘말나리 • Lilium miquelianum

금꿩의다리 • Thalictrum rochebrunianum var. grandisepalum

산꼬리풀 • Veronica rotunda var. subintegra

휴전선의 봄

큰원추리 • **Hemerocallis middendorfii**

중부전선

대성산, 복주산, 광덕산

휴전선의 봄

광덕산과 복주산 사이의 계곡은 매우 깊고 수려하며 습기 또한 풍부한 곳으로 대단히 광활한 수림지를 이루고 있다. 여름에도 서늘한 기온을 유지하고 더구나 5월까지 많은 눈이 내리며 겨울에도 많은 적설량을 유지하는 곳이다. 또한 한국 특산종이나 멸종 위기의 희귀종도 대단히 많이 자라는 곳이다.

대성산(大成山, 해발 1,175미터), 복주산(福柱山, 해발 1,152미터), 광덕산(廣德山, 해발 1,046미터)은 현재 일부는 민통선 지역에서 제외되어 있으며 등산객이 오르는 산도 있다. 금강산으로부터 서남쪽으로 뻗어 내려오는 광주산맥(廣州山脈)의 매우 중요한 지점으로 휴전선 접경 지역인 광덕산까지 같이 포함하여 중요한 식물군(植物群)이 분포되어 있다. 이 지역은 간혹 통제되는 지역으로서 철저한 식물 조사가 이루어져 있지 않은 상태이나 우리나라 중부지방의 제일 깊숙히 자리한 고냉지여서 많은 희귀종 식물이 분포되어 있다. 근자에는 민간인 통제 지역에서 벗어나 많은 사람이 모여들고 이 때문에 자연 훼손이 날로 심화되어 가고 있지만, 그 이전에 이미 탐사되어 발견된 야생화들이 많은 위안을 준다.

지금까지 그리고 휴전선 지역에서 대암산이 고층습원지를 포함하여 식물의 보고(寶庫)라 한다면 아마도 그 다음은 이 지역 광덕산, 복주산, 대성산으로 이어지는 깊은 골짜기와 높은 봉우리가 아닌가 싶다.

광덕산과 복주산 사이의 계곡은 매우 깊고 수려하며 습기 또한 풍부한 곳으로 대단히 광활한 수림지를 이루고 있다. 여름에도 서늘한 기온을 유지하고 더구나 5월까지 많은 눈이 내리며 겨울에도 많은 적설량을 유지하는 곳이다. 낮은 지대 평지가 해발 6백여 미터이며 가을이 훨씬 빨리 오고, 거의 눈과 얼음이 있는 상태의 봄에서 곧 여름으로 넘어가는, 내륙지방에서 특이한 현상을 보이는 곳 중의 하나이기도 하다. 이 때문인지 북쪽 지방에 많이 자라는 귀한 종(種)들이 많이 자라고 더구나 한국특산종이나 멸종 위기의 희귀종도 대단히 많이 자라는 곳이다.

금강산, 무산, 가칠봉, 백석산, 백암산, 적근산, 대성산, 복주산, 광덕산, 화악산, 명지산 등의 큰 봉우리로 이어지는 내륙 중심의 대들보같은 광주산맥의 이 지점은 동해안 쪽 태백산맥의

등줄기 격인 건봉산, 향로봉, 미시령, 칠절봉, 설악산 대청봉, 한계령, 오대산, 대관령으로 이어지는 그곳과 비교될 수 있는 생태자원이 매우 풍부한 지역이기도 하다.

이 지역에서 자라는 희귀종으로는 '금강애기나리', '금강제비꽃', '금강초롱꽃', '흰금강초롱꽃', '흰얼레지', '복수초', '모데미풀', '나도양지꽃', '복주머니꽃', '너도바람꽃', '천마', '매미꽃', '흰그늘돌쩌귀', '흰진범', '노란색미치광이풀', '노랑하늘말나리', '붉은참반디', '소경불알' 등이 있으며 다른 곳에 비해 매우 많은 희귀종의 군락지가 형성되어 있다. 그러나 근자에 민간인들의 출입이 많아지면서 희귀종들이 마구잡이로 채취되어 시급한 대책이 요구되는 지역이기도 하다.

복수초 • **Adonis amurensis**

　이른봄 눈과 얼음 속에서 솟아나와 황금색의 꽃이
피는 '복수초(Adonis amurensis)'는 대단히 큰 군락을
형성하고 눈과 얼음 속에서 꽃을 피워 '눈색이꽃',
'얼음새꽃'이라 부르기도 한다. 이름에 어울리듯
매우 따뜻한 꽃이기도 하다. 이들 복수초와 같이 눈
속에서 순백의 꽃을 피우는 작고 아름다운 희귀종
풀 '모데미풀(Megaleranthis saniculifolia)'은 깊은
골짜기의 습지변에서 자라며 여름에 열매가 열리고
죽어가는데 대개는 아담한 배추 포기처럼
군데군데 모여서 자란다.

　또 하나 '너도바람꽃(Eranthis stellata)'이 높은
곳의 골짜기 습기 있는 눈 속에서 작은 키에 눈
위로 꽃송이를 내밀고 가련히 피어나기도 한다.

　얼레지 가운데 흰 꽃이 피는
'흰얼레지(Erythronium japonicum)'도 자주색
얼레지꽃 사이에서 피어 눈이 쌓이는 상태에서
아름다운 꽃이 된다.

　이 밖에 '현호색', '처녀치마', '미치광이풀',
'앉은부채', '괭이눈', '참개별꽃', '꿩의바람꽃',
'태백제비꽃' 등이 눈 속에서 꽃이 핀다. 다른
지역에서 볼 수 없는 기현상을 보여 주는 아름다운
꽃들이다. 원래 금강산에서 자라고 풀잎이 머우잎
같다 하여 일명 '머우제비꽃'이라 불리는
'금강제비꽃(Viola diamantica)'도 큰 군락을 이루고,
높은 곳의 숲 속에서 일제히 피어나며 꽃의 색깔이
연한 황록색인 것도 더러 있다. 제비꽃 가운데 가장
풀잎이 큰 이 금강제비꽃은 희귀종으로
흔하게 피지 않는다.

　'족도리풀(Asarum sieboldii)'은 약 이름으로
세신(細辛)이라 불리기도 하는 작은 풀로 꽃의
모양이 전통 혼례식에서 새색시 머리 위에 얹는
족도리 모양과 같다 하여 그 이름이 붙여졌다. 녹색
풀잎에 자주색의 꽃이 피는데, 이 지역 숲 속에서는
전체가 자주색으로 된 '자주색족도리풀'도
자라고 있다.

모데미풀 • **Megaleranthis saniculifolia**

흰얼레지 • Erythronium japonicum

금강제비꽃 • *Viola diamantica*

족도리풀 • *Asarum sieboldii*

연한 황록색 꽃잎의 금강제비꽃

고깔제비꽃 • *Viola rossii*

너도바람꽃 • **Eranthis stellata**

너도바람꽃의 열매

'너도바람꽃(Eranthis stellata)'은 높은 곳의 습기 있는 숲 속에서 봄에 가장 먼저 꽃이 피는 작은 미나리아재비과의 풀이다.

풀잎이 땅속에서 나올 때 둥글게 말려서 나오면 그 모양이 고깔 모양과 같다 하여 이름이 붙여진 제비꽃 속(屬)의 '고깔제비꽃(Viola rossii)'은 이른봄 진달래꽃과 같이 작은 붉은색의 꽃이 핀다.

'참개별꽃(Pseudostellaria coreana)'은 숲 속에서 눈이 있을 때부터 작은 꽃을 피우는 희귀종으로 작은 별 모양의 흰 꽃이 핀다.

'덩굴개별꽃(Pseudostellaria davidii)'은 숲 속 습기

있는 풀밭에서 많이 자라며 작은 별같은 흰 꽃이
핀다. 금강산에서 발견되고 자랐다 하여 이름
붙여진 특산식물 '금강애기나리(Disporum ovale)'는
높은 곳의 숲 속 그늘에서 작은 꽃잎에 흑자색의
반점이 나 있는 꽃을 줄기 끝에 달고 피는 풀이다.
　이 지역과 백운산, 명지산, 광릉 지역의 숲 속에서
가장 많이 퍼져 자라는 풀로, 줄기를 자르면
등황색의 유액이 나와 이름이 지어진
'피나물(Hylomecon vernale)'은 온통 숲 속을 뒤덮고
봄에 황금색의 아름다운 꽃을 많이 피우는
유독성식물이다.
　'피나물'과 같은 속(屬)의 식물인
'매미꽃(Hylomecon hylomeconoides)'은 음습한 숲
속에서 '피나물꽃'이 거의 다 질 무렵 다시 황금색의
꽃을 피우는 같은 양귀비과의 유독성식물이며
'피나물'보다 훨씬 그 종이 귀하게 자란다.
　꽃의 모양과 풀잎의 모양이 양지꽃과 닮아서 그
이름이 지어진 '나도양지꽃(Waldsteinia ternata)'은
극히 제한된 곳에서 자라는 귀한 종이지만 이곳의
숲 속에서는 큰 군락을 이루고 황금색의 작은 꽃을
피운다.
　홀로 외로이 피는 데서 이름 붙여진
'홀아비꽃대(Chloranthus japonicus)'는 이곳 숲
속에서도 많은 군락을 이루고 실오라기 같은 연약한
흰 꽃을 피운다.
　꽃 모양이 개(犬)의 불알 같은 데다 향기 또한
누린내가 나기 때문에 일명 '개불알꽃'이라고도
불리는 야생 희귀난초인 '복주머니꽃(Cypripedium
thunbergii)'은 심산 지역 숲 속 비옥한 땅에서 자라
휴전선 지역의 이곳 깊은 골짜기에도 요염한 자태로
꽃 피어 있다. 둥근 큰 공을 매달은 듯한 홍자색의
이 꽃은 많은 사람들의 눈길을 끄는 꽃으로서
초여름 숲 속에서 그 자태를 뽐내는 꽃이다.
　'감자난초(Oreorchis patens)'는 그늘진 숲 속에
많이 모여 황금색의 꽃잎을 달고 연한 분홍빛의
혓바닥을 내미는 것처럼 귀엽게 피는
야생난초이다. '큰앵초(Primula jesoana)'는 향로봉에
이어 이곳 산 정상 부근 숲 속에서도
많이 자라고 있다.

참개별꽃 ● **Pseudostellaria coreana**

덩굴개별꽃 ● **Pseudostellaria davidii**

금강애기나리 • *Disporum ovale*

피나물 • **Hylomecon vernale**

매미꽃 • **Hylomecon hylomeconoides**

나도양지꽃 • **Waldsteinia ternata**

홀아비꽃대 • *Chloranthus japonicus*

복주머니꽃 • *Cypripedium thunbergii*

감자난초 • *Oreorchis patens*

큰앵초 • Primula jesoana

천마 • Gastrodia elata

는쟁이냉이 • Cardamine Komarovi

땅속에 골프채 모양의 괴근을 가지고 있으면서 잎은 비늘 모양이고 꽃도 단지 모양으로 피어나는 야생난초의 하나인 '천마(天麻, Gastrodia elata)'가 숲 속 비옥한 땅에서 자라며 여름에 꽃이 핀다. 약재로 쓰이는 난초 가운데 하나라서 사람이 가는 곳이면 큰 수난을 겪는 희귀종 식물이기도 하다.

'는쟁이냉이(Cardamine Komarovi)'는 산골짜기 냇가 부근의 습지에서 여름에 흰 꽃을 많이 피우는 십자화과의 풀이고, '붉은참반디(Sanicula rybriflora)'는 이 지역의 높고 깊은 산기슭 습기 있는 숲 속에서 짙은 자줏빛의 가녀린 꽃을 피우는 흔치 않은 풀이다.

'당개지치(Brachybotrys paridiformis)'도 골짜기의 숲 속 습기 있는 곳에서 가녀린 자주색 꽃을 피우고 전체에 털이 많이 나는 풀이다. '참꽃마리(Trigonotis radicans)'는 대개의 산에서 많이 자라지만 이곳의 습기 있는 골짜기 숲 속에서는 흰색, 연한 홍색, 자주색 등의 꽃이 피며 대단히 많은 군락을 이루고 자란다.

붉은참반디 • Sanicula rybriflora

당개지치 • **Brachybotrys paridiformis**

참꽃마리 • **Trigonotis radicans**

변종의 참꽃마리

높은 숲 속에서 많이 자라는 '미치광이풀(Scopolia parviflora)'은 짙은 청자색이나 흑자색의 꽃을 피우지만 이곳에서는 연한 노란색의 희귀종이 많이 발견된다. 황색꽃이 피는 '미치광이풀'은 기록에도 없는 미기록종으로 매우 귀한 풀이다.

'큰연영초(Trilium Kamtschaticum)'는 심산 지역의 숲 속에서 나는 풀이지만 이곳 골짜기 습기 있는 숲 속에서도 많이 볼 수 있다. 흰 꽃을 피우며, 풀잎은 원래 3개이지만 6개가 달린 것도 간혹 발견된다. '도현삼(Scrophularia Koraiensis)'은 고지대의 숲 속에서 상어가 입을 벌린 듯한 이상한 모양의 짙은 자주색 꽃을 피우는 귀한 풀이다.

'동의나물(Caltha palustris)'은 나물이지만 먹지 못하는 미나리아재비과의 유독성식물이며 심산 지역 어디에서고 나지만 이곳에서는 전국적에서 가장 큰 군락지를 이루고 있다. 늦봄 황금색의 아름다운 꽃과 둥근 풀잎을 달고 넓은 초원에 일제히 꽃이 피면 황홀감을 주는 아름다운 꽃이기도 하다.

심산 초원에서 자라는 '나도개감채(Lloydia triflora)'는 이곳의 깊은 골짜기에서도 봄에 가녀린 꽃을 피운다.

'흰진범(Aconitum longecassidatum)'은 매우 귀하게 발견되는 풀로 휴전선 전지역 가운데 이곳에서만 자라고 있다. 가을에 순백색의 털이 있는 꽃을 피우며 습기 있는 초원에서 많이 자란다.

일명 '왜우산풀'이라 불리기도 하는 '누룩치(Pleurospermum Kamtschaticum)'는 심산 지역 초원에서 나며 흰 꽃이 피는 매우 큰 풀 가운데 하나이다. '소경불알(Codonopsis ussuriensis)'은 땅속 감자 모양의 뿌리 때문에 얻어진 이름으로, 가는 덩굴에 자주색의 종(鐘) 같은 꽃이 매달려 피는 도라지과의 귀한 풀이며 이 지역 숲 속에서 간간히 나온다.

미치광이풀 ● Scopolia parviflora

미치광이풀의 변종

큰연영초 • **Trilium Kamtschaticum**

도현삼 • **Scrophularia Koraiensis**

꼬리치레도롱룡

나도개감채 • Lloydia triflora

흰진범 • Aconitum longecassidatum

소경불알 • Codonopsis ussuriensis

예전에는 간혹 발견되었으나 근자에는 그 자취를
감추어 버린 백합과의 나리류
'노랑하늘말나리(Lilium tsingtauense)'는 여름의
휴전선 지역 초원에서 찬란한 황금빛의 노란색 꽃을
피운다. 짙은 자주색의 작은 반점이 나 있는 꽃잎은
청아하기 이를 데 없는 양종(養種)의 야생백합이며,
적당한 높이에 열두 폭 치마를 두른 듯이 둘러서
수레바퀴 모양으로 달린 풀잎과 더불어 가랑비에
흠뻑 젖은 이 꽃은 볼수록 정감이 가는 귀한 꽃이다.
　'만주바람꽃(Isopyrum mandshuricum)'은
지금까지는 경기도 미금시 평내의 부적골에서만
발견된 기록이 있었으나 유명산, 광덕산에서도
발견할 수 있었다.
　'연복초(Adoxa moschatellina)'도 지금까지 광릉 및
가야산에서 발견된 기록이 있으며 대개는
북부지방의 높은 지대에서 자라는 작은 풀이지만
이곳 광덕산에서도 군집을 이루고 자라는 것이
발견되었다.

누룩치 • Pleurospermum Kamtschaticum

'회리바람꽃(Anemone reflexa)'은 중부 이북의
깊은 산에서 흔히 자라지만 좀처럼 백색의 꽃잎같이
보이는 꽃받침잎을 보기 어려운 꽃인데도
이곳에서는 꽃받침잎이 달린 것을 찾았다.
　이러한 귀한 풀 외에도 '꿀풀', '돌나물', '말나리',
'하늘말나리', '털중나리', '참나리', '중나리',
'나도송이풀', '박하', '등골나물', '사마귀풀',
'노랑물봉선', '흰물봉선', '이고들빼기', '큰엉겅퀴',
'사위질빵', '산부추' 등 많은 종의 식물이 골고루
분포하여 계절에 따라 아름다운 꽃을 피운다. 이에
따라 하천에는 각종 민물고기와 무당개구리, 곤충과
더불어 꼬리치레도롱뇽 등이 서식하고 있다. 모든
생물이 활기차게 살아 움직이며 숨쉬는 이곳은 여러
번을 들어가도 이튿날 다시 가보고 싶은
지역이기도 하다.

**노랑하늘말나리 • Lilium tsingtauense는
여름의 휴전선 지역 초원에서
찬란한 황금빛의 노란색 꽃을 피운다.**

연복초 • *Adoxa moschatelliana*

회리바람꽃 • **Anemone reflexa**

만주바람꽃 • **Isopyrum mandshuricum**

중부전선
철원 월정리, 정연리, 갈말읍

금강산 가는 철길

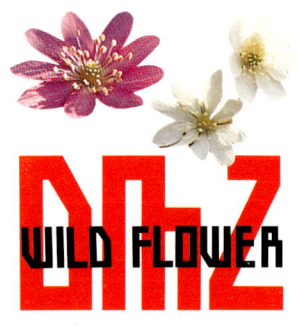

끊어진 철길 위에 홀로 뒹구는 철마의 바퀴만 놓여 있는 월정리역은 지금도 이정표를 세워 놓고 통일의 그날을 기다리고 있으며 지금은 관광 명소가 되고 있다. 주변의 늪지에서는 민물고기들조차 물길 따라 남북을 자유롭게 오가는데 사람들은 전망대에서 가깝고도 먼 북녘땅만 바라볼 뿐이다.

휴전선의 야생화

철원(鐵原) 지역은 금화읍(金化邑)과 통일촌(統一村), 동송읍(東松邑), 학저수지(鶴貯水池), 월정리(月井里), 대마리(大馬里), 갈말읍(葛末邑), 정연리(亭淵里) 등으로 구분되며, 그다지 높은 봉우리는 없으나 겨울에는 북녘으로부터 몰려오는 찬바람이 드넓은 철원 평야를 뒤덮어 다른 곳에 비해 기온이 낮기도 한 지역이다.

강원 지방에서는 가장 큰 평야를 이루고 있으며 6·25 당시의 격전지로서 북괴군이 점령했던 지역으로 지금도 북괴군 노동당사 및 금융조합 등 옛 건물들이 그대로 남아 있다. 철원읍을 중심으로 많은 관광지인 고석정, 제인폭포, 승일교와 6·25의 전적지 등이 있어 늘 사람의 발길이 끊이지 않는 곳이다. 금강산 가는 녹슨 철길은 더 이상 가지 못한 채 숲 속을 가로지르고 있다.

피의 격전지로 알려진 백마고지 주변의 휴전선에는 철조망이 가로막힌 사연을 아는지 모르는지 고라니, 노루떼들이 뛰놀고 온갖 철새들이 한가로이 날며 잡초로 뒤덮인 초원지에는 앙상한 뼈만 남은 철마(鐵馬)의 잔해가 전장의 처참함을 말해 주듯 풀섶에 비스듬히 누워 보는 이의 마음을 안타깝게 한다.

끊어진 철길 위에 홀로 뒹구는 철마의 바퀴만 놓여 있는 월정리역은 지금도 이정표를 세워 놓고 통일의 그날을 기다리고 있으며 지금은 관광 명소가 되고 있다. 주변의 늪지에서는 민물고기들조차 물길 따라 남북을 자유롭게 오가는데 사람들은 전망대에서 가깝고도 먼 북녘땅만 바라볼 뿐이다.

학저수지에는 많은 물고기가 노니는 듯 철새들이 많이 모여들고 주변의 숲 속에는 어느 시대의 것인지 마애불상이 숲에 묻혀 있기도 하다. 특히 철원 지역의 평야는 기름진 땅으로 중부지방의 곡창지이기도 하다. 겨울이면 많은 철새떼가 모여들어 백로의 서식지이기도 하며 그 밖에 왜가리, 두루미 등 희귀 철새들이 찾아오는 곳이다.

월정리역의 녹슨 철마 바퀴

제인폭포는 깊은 계곡의 절경을 이루는 폭포로, 부근 들녘의 늪지에서는 여름에는 풀 초본(草本)으로 변하고 겨울에는 충(虫) 벌레가 되어 겨울을 지낸다는 '동충하초(冬虫夏草)'도 발견된 곳이다.

철원 지역 민통선의 아침

흙이 살아 있기 때문에 이러한 희귀종의 생물이 존재하고 있듯 가을이면 메뚜기며 온갖 벌레들이 들녘을 차지하고, 임자 잃은 녹슬은 철모 옆에는 그 넋이라도 지키려는 듯 가련한 민들레꽃이 노랗게 피어난다. 이 '민들레(Taraxacum mongolicum)'는 봄이면 어디서고 꽃이 피고 여름에 씨가 날아가는 강인한 풀이기도 하지만 줄기나 잎을 자르면 흰 유액이 나온다.

민통선 안에 자리한 작은 사찰 '도피안사'는 규모는 작지만 국보급 문화재가 있는 절로 철불상과 3층석탑, 석등 등 귀한 문화재가 보존되어 있다. 주변의 수림이 울창하여 예전에는 크낙새가 서식하기도 했다는 곳이다.

'뫼제비꽃(Viola selkirkii)은 눈과 얼음이 남아 있는데도 일찍 작고 가녀린 꽃을 피우며 강인함을 자랑이라도 하듯 나지막한 산자락의 숲 속에서 피어난다. 봄에 눈과 얼음이 녹기 시작하면서 숲 속 그늘진 곳에서 흰 털을 길게 내고 가녀리게 피는 꽃, 풀잎이 땅에서 나올 때 말아져 희고 긴 털이 난 것이 노루의 귀 모양과 같다 하여 이름 지어진 '노루귀(Hepatica asiatica for acutiloba)'는 흰색과 붉은색 꽃이 피고 고지대까지 봄을 장식하는 꽃으로 휴전선 지역의 나지막한 산자락 숲 속에도 옹기종기 모여 귀여운 아이들같이 피어난다.

꽃이 꽃 같지도 않고 거미가 한 마리 앉아 있는 모양의 독이 있는 풀 '삿갓나물(Paris verticillata)'도 이곳의 초원이나 숲 속에서 가지런한 풀잎을 둥글게 내밀고 꽃을 피운다.

뫼제비꽃 • Viola selkirkii

붉은색 꽃의 노루귀 • Hepatica asiatica for acutiloba

흰색 꽃의 노루귀 • Hepatica asiatica for acutiloba

삿갓나물
Paris verticillata

삿갓나물 군락

이른봄 각처의 산에서 일찍 나며 꽃 모양이
모자의 채양같이 앞으로 내밀어져 있고 녹색의 통
속에 그 꽃을 감추고 피어나는 유독성식물
'넓은잎천남성(Arisaema robustum)'이 산지의 그늘
지고 습기 있는 곳에서 많이 피어난다. 가을에 붉은
옥수수 모양의 열매를 달고 힘에 겨워 땅에
누워 버리는 흔히 볼 수 있는 풀이다.

봄에 눈이 녹으면서 노루귀 등과 같이 일찍
피어나는 바람꽃 속(屬) '꿩의바람꽃(Anemone
raddeana)'은 연약하지만 큰 꽃을 달고 있어 힘에
겨워 고개를 늘어뜨린다. 흰 국화 모양의 꽃을
피우며 이들은 나지막한 산자락 숲 속 습기 있는
곳에서 여러 대가 모여 꽃을 피운다.

이들과 같은 곳에서 자라며 이른봄에 작은 꽃과
포엽이 같이 노란색으로 피어나는
'흰털괭이눈(Chrysosplenium barbatum)'이 줄기에 흰
털을 드문드문 달고 작은 키에 땅에 붙어서 꽃을
피운다. 같은 시기에 낮은 산이나 약간 높은 곳 또는
들녘의 양지바른 곳에서 나는 연약한 풀
'빗살현호색(Corydalis turtschaninovii var. pectinata)'은
풀잎이 빗살처럼 갈라진 데서 생긴 이름으로 그다지
흔하게 자라지 않는 약간 귀한 종이며 연한 하늘색
또는 자주색의 꽃을 피운다. 줄기가 연약하여 잘
쓰러지고 땅속에 대추알만한 덩이뿌리가 들어
있으며 약으로 쓰이는 양귀비과의 유독성식물이다.

'용둥굴레(Polygonatum involucratum)'는 삿갓
모양의 포엽이 꽃을 감싸 주듯 하고 연한 녹색이
도는 꽃이 매달려 피며 경기도 북부지방의
저지대에서 많이 자라는 둥글레 속(屬)의 하나이다.

'천남성(天南星, Arisaema amurense)'은 각처에서
많이 자라며 두루미천남성과 거의 비슷하고 녹색
꽃이 피며 가을에 붉은 열매가 열리는 천남성과의
유독성식물로 땅속의 뿌리덩이는 약재(藥材)로
쓰인다. 우리 주변에서 가장 가까이 접할 수 있는
야생백합, 일명 '호랑나리', '개나리'라 부르는
나리류의 대표적인 꽃 '참나리(Lilium lancifolium)'는
커다란 꽃잎 안쪽에는 짙은 자주색의 호랑반점이 나
있고 노란빛이 도는 붉은색의 꽃잎은 뒤로 둥글게
말아 올려져 있다. 줄기가 높게 자라며, 여러 개의

넓은잎천남성 • Arisaema robustum
가을에 붉은 옥수수 모양의 열매를 달고
힘에 겨워 땅에 누워 버리는
흔히 볼 수 있는 풀이다.

풀잎 겨드랑이에 검은 콩알 한 개씩 올려 놓은 듯한
씨를 가지고 있다. 여름에 많은 꽃이 피고 화단에
심기도 하며 휴전선 지역의 병사들 막사 옆에서도
아름다운 꽃을 피우는데 곧 떨어질 듯한 자줏빛의
커다란 꽃밥이 달랑달랑 실바람에도 흔들리는
아름다운 꽃이다.

'물참대(Deutzia glabrata)' 역시 계곡의 물이
흐르는 도랑가 등의 습지변에서 순백의 많은 꽃을
피워 향기를 뿜는 아름다운 풀 가운데 하나이다.

'흰물봉선(Impatiens textori)'은 산지의 계곡물이
흐르는 습지에서 나며 가을이면 많은 꽃이 피는
독이 있는 풀로서 줄기에 무릎 마디가 튀어나오는
특징이 있다.

꿩의바람꽃 • Anemone raddeana

흰털괭이눈 • *Chrysosplenium barbatum*

빗살현호색 • *Corydalis turtschaninovii var. pectinata*

천남성 • *Arisaema amurense*

천남성 열매

용둥굴레 • *Polygonatum involucratum*

참나리 • Lilium lancifolium

물참대 • **Deutzia glabrata**

흰물봉선 • **Impatiens textori**

송이풀과 닮은 데서 그 이름이 지어진
'나도송이풀(Phtheirospermum japonicum)'은 각처의
낮은 곳 초원에서 자라며 이곳 휴전선 지역의 길가
초원에서는 늦은 가을 찬서리가 내려도 연분홍 꽃
위에 흰서릿발을 듬뿍 쓰고 피어나는 연약하게
보이지만 강인한 여인같은 꽃이다.
　늦가을 추워지기 시작하면 더 많은 꽃을 피우며
뿌리가 쓴 맛이 많이 도는
'용담(龍膽, Gentiana scabra)'은 가을의 아름다운 꽃
가운데 하나로 북녘에서는 8월부터 그 꽃이 피며
남쪽의 한라산에서는 10월 하순까지 꽃이 피는
강인한 풀이다. 짙은 자줏빛의 꽃잎과 긴 통이
연결되고 그 속에 작은 꽃밥이 들어 있다. 이 꽃은
벌과 나비가 없는 늦가을 추워질 때 꽃이 피고
꽃밥이 통 속 깊이 달려 바람에 교접도 안된다.
그러나 자연의 오묘함과
그 지혜는 가을의 '용담꽃'에서도 볼 수 있다. 여름
동안 편히 쉬고 놀고만 있다가 날이 추워지니까
그제사 겨울 양식을 구하러 다니는 게으름뱅이

나도송이풀 • **Phtheirospermum japonicum**

용담 • Gentiana scabra

호박벌이 이꽃 저꽃 찾아다니지만 다른 꽃들은 시들 무렵이라 꿀이 없기 때문에 꿀을 숨기고 있는 '용담꽃'을 이때 비로소 찾는 것이다. 늦가을 오후 두 시가 넘으면 날이 쌀쌀해져 활동하기 어려워진 호박벌은 묻지도 않고 '용담꽃'으로 들어가는데 '용담꽃' 역시 기다렸다는 듯 꽃잎을 오므려 벌을 감싸 주는 것이다. 벌은 쌀쌀한 추운 밤을 용담이 감싸 주어 잘 지내고 이튿날 해가 높이 솟은 오전 11시쯤이면 '용담꽃'이 꽃잎을 열어 주어 밤새도록 온몸에 꽃가루를 묻혀 가졌으니 이꽃 저꽃 다른 꽃으로 똑같이 옮겨가며 인사도 없이 날아가 버리지만 그대신 용담은 이 게으른 호박벌로 인하여 교접을 이룬다. 그 이후로는 호박벌이 찾아와도 꽃잎을 오므리지 않고 곧 열매를 맺어 작은 씨를 뿌리게 되니 서로 돕는 길에 자기의 종족을 번식시키는 아주 지혜로운 꽃 가운데 하나이다.

우리나라 각 지방의 산에서 마지막 가을을 장식해 주는 작은 노란색의 국화로 짙은 국향(菊香)과 더불어 우리에게 친숙한 꽃 그저 '들국화'라 흔히 부르는 '산국(山菊, Chrysanthemum boreale)'은 늦게 산에서 피지만 향기가 많이 나며, 예부터 국화주(菊花酒)를 담그는 데 쓰이거나 약으로 쓰이는 꽃으로 9월부터 11월에 이르기까지 많이 핀다. 옛날에는 이 꽃을 따서 말려 겨울에 베갯속 귀퉁이나 이불솜 귀퉁이에 넣고 겨울 동안 국화향(菊花香)을 음미하기도 하였다는 기록도 있지만 이곳 휴전선 지역에서도 이들이 늦은 가을까지 많이 피어 온 산을 노란색으로 아름답게 수놓는다.

이 밖에도 '얼레지', '홀아비바람꽃', '제비꽃', '남산제비꽃', '고깔제비꽃', '애기똥풀', '할미꽃', '광대수염', '둥굴레', '은방울꽃', '붓꽃', '솔붓꽃', '각시붓꽃', '앵초', '잔대', '모싯대', '산부추', '물양지꽃', '금불초', '버들금불초', '메꽃', '구절초' 등 많은 꽃을 볼 수 있는 지역이다.

산국 • **Chrysanthemum boreale**

월정리에 남아 있는 철마 잔해

꽃이여 사랑이여!
조그만 풀꽃에도 조국의 맥박은
뛰노니
휴전선 야생화로 피어난다면
철조망 철망마다 금강초롱으로 불밝히고

서부전선

서부전선

백학면 고랑포리

백학면 고랑포 전경

푸른 언덕 밑에 무지개처럼 휘어 감도는 은모래 백사장이 군데군데 형성된 이 고랑포는 예부터 그 경관이 수려한 곳으로 유명했던 곳이며 휴전선이 아니었더라면 관광 명소가 될 아름다운 곳이다. 이곳의 낮은 계곡이나 들녘의 도랑가 등지에서는 여러 종류의 곤충들도 볼 수 있어 자연이 그대로 살아 있음을 입증해 준다.

휴전선의 야생화

그다지 높지 않은 천덕산(天德山), 야월산(夜月山)이 있는 백학면(白鶴面)은 민통선 마을로서 주변의 기름진 농토를 중심으로 풍요로운 마을을 이루고 있다.

마을회관 앞의 커다란 벽시계 위에 제비가 둥지를 틀고 새끼를 치는데 이곳의 제비들은 호로병을 반절 쪼갠듯한 모양의 집을 천정 등에 짓는다. 마을 주변에 제비떼들이 이렇게 많은 것으로 보아 부근이 농약이나 공해로 오염되지 않았다는 것을 짐작할 수 있다. 수백년 생의 느티나무가 마을 어귀에 서 있고 마을 앞 정자에는 노인들이 한가로이 장기 두기에 여념이 없는 모습이 보여 이곳이 최전방인가 싶을 정도로 고요하고 평화롭게 느껴진다. 머지 않은 곳에서 적과 대치하고 있는 곳이지만 마을 어귀의 교회가 더욱 정겹게 보인다. 이 부근에는 숭의전지 유적지가 잘 보존되어 있으며 또한 휴전선 지역에 유일하게 남아 있는 경순왕릉이 말끔히 단장되어 있기도 하다.

이곳의 넓은 평야에는 벼 대신 잔디 농사를 많이 짓는데 넓고 푸르게 펼쳐진 잔디 농장에서 잡초를 제거하는 아낙들이 열지어 앉아서 일하는 모습은 이곳에서나 볼 수 있는 진풍경이다.

부근 고랑포리(高浪浦里)의 구비치며 흐르는 큰
강 같은 냇물을 건너면 바로 북한 지역이다. 이
아름다운 하천(河川)을 사이에 두고 그저 들리는
소리는 대남 방송의 귀따가운 소리들이지만 이
시끄러운 소리도 만성이 되어 버렸는지 노루가 작은
새끼들을 이끌고 고랑포 냇가에 나와 무언가를
찾으며 돌아다니는 모습도 평화롭게만 보인다.

푸른 언덕 밑에 무지개처럼 휘어 감도는 은모래
백사장이 군데군데 형성된 이 고랑포는 예부터 그
경관이 수려한 곳으로 유명했던 곳이며 휴전선이
아니었더라면 관광 명소가 될 뻔한 아름다운
곳이다. 나지막한 산자락에는 봄이 오면서 온갖
작은 풀들 '제비꽃', '양지꽃', '꽃다지', '냉이',
'현호색', '얼레지', '괭이눈', '복수초', '붓꽃', '진달래',
'개나리'가 울긋불긋 피어나 여기에도 봄이 왔음을
알려 준다.

예부터 이 풀의 수염같이 무성하게 난 뿌리로
솥을 닦는 솔을 만드는 데 쓴다 하여 그 이름이
생긴 '솔붓꽃(Iris ruthenica)'은 봄의 산 기슭에서
일찍 피어나는 가녀린 자주색 꽃을 피우는 작은
붓꽃류이다. 잎줄기를 자르면 흰 유액이 나오는
'씀바귀(Ixeris dentata)'는 유난히 쓴 풀이라 이름도
씀바귀이지만 봄 나물로 즐겨 먹는 풀이다.
'산달래(Allium grayi)'는 봄 나물로 흔히 먹기도
하며 여름에 낮은 산 초원에서 연한 홍색 꽃이
많이 핀다.

긴 줄기 끝에 꽃이 여러 개 모여 달려
'꽃방망이'라 흔히 부르는 '자주꽃방망이(Campanula
glomerata)'는 특히 이 지역의 초원에서도 많이
자란다. 꽃이 무거워 옆으로 비스듬히 누워 짙은
보라색의 꽃을 탐스럽게 피우며 북쪽으로 백두산
천지 부근까지 분포하는 도라지과의 식물이다.

산에서 작은 국화가 노란색으로 피는 것은 대개
산국(山菊)이지만, 들녘에서도 이와 거의 비슷하게
그러나 자세히 보면 꽃이 약간 큰 편이고 낮은 데서
자라는 '감국(甘菊, Chrysanthemum indicum)'이 있다.
다른 곳의 들녘에서처럼 이곳에서도 많이 피어나는
'감국'은 산국과 같은 용도로 쓰이는 꽃이다.

눈덮인 고대산 계곡

솔붓꽃 • Iris ruthenica

씀바귀 • Ixeris dentata

산달래 • Allium grayi

자주꽃방망이 꽃

자주꽃방망이 • *Campanula glomerata*

　가지를 꺾으면 생강 냄새가 난다 하여
'생강나무(Lindera obtusiloba)'라 이름 붙여진 크지
않은 나무가 이른봄 다른 나무에 앞서 먼저 꽃이
피는 바람에 짓궂은 눈송이가 꽃잎에 내려앉아
비켜줄 줄 모르고 눈과 함께 범벅이 되어 꽃이
피어난다. 꽃이 피기 전에 꽃봉오리가 붓끝같이
피어 '붓꽃(Iris nertschinskia)'이라 이름 지어진 이
꽃은 습기 있는 초원에 군락을 이루고 넓고 푸른
초원에 나비가 앉은 듯이 짙은 자줏빛 꽃으로
피어난다. '붓꽃'은 대개 넓은 길가 초원에 많이
피어나 5월을 더욱 아름답게 하는 꽃이다.
　각처의 산 바위틈이나 길가 초원 등에서
초여름에 황금색 꽃을 많이 피우는
'기린초(Sedum Komtschaticum)'는 특히 벌과 나비가
자주 찾아오는 꽃으로 여름에 비가 오지 않고
가물어도 이를 잘 극복하는 지혜로운 식물이다.
　'병꽃나무(Weigela subsessilis)'는 산기슭의 숲
가장자리에서 많은 꽃을 달고 향기를 내뿜는 꿀을

많이 가진 꽃이다. 처음에는 연한 황색 꽃이 피지만
시간이 지나면서 자줏빛으로 꽃이 변하는 인동과의
나무이다.
　꽃 모양이 메기가 입을 벌리는 듯 꽃잎
끝에 흰 수염이 몇개 달리며 피는
'벌깨덩굴(Meehania urticifolia)'은 숲 속에 숨어서
옆으로 비스듬히 자라며 커다란 꽃을 피우는
풀이다. '각시붓꽃(Iris rossii)'은 '솔붓꽃'과 거의
비슷하게 생겼으나 풀잎이 약간 넓으며 꽃의 색깔이
거의 같은 색으로 봄에 숲 속에서 꽃이 피는 작은
풀이다.
　'봄구슬봉이(Gentiana thunbergii)'는
5~10센티미터 정도의 작은 풀로서 작은 보랏빛
꽃을 피우며 이른봄 양지바른 산기슭에서 가랑잎
사이로 얼굴을 내밀고 장난기 있는 어린아이 같이
웃는 듯한 모양이지만 이른봄 나물 캐는 아낙네의
발길에 짓밟혀서 만신창이가 될 때도 흔히 있는
인가 주변의 숲 가장자리나 길가에 나는 풀이다.

감국 • Chrysanthemum indicum

생강나무 • Lindera obtusiloba

붓꽃 • Iris nertschinskia

기린초 • Sedum Komtschaticum

병꽃나무 • Weigela subsessilis

벌깨덩굴 • Meehania urticifolia

각시붓꽃 • Iris rossii

봄구슬붕이 • Gentiana thunbergii

광대수염 • Lamium album

동충하초 • Cordyceps sobolifera

'광대수염(Lamium album)'은 봄에 꽃이 피면 풀잎에 가려져 잘 보이지 않으나 잎자루 옆에 여러 개의 꽃이 둘러서 피며 꽃받침에 긴 수염같은 것이 달려 있다. 꽃의 색깔이 흰 꽃과 연붉은 꽃 등으로 피는데 연붉은 꽃은 대단히 드물게 발견된다.

열매의 모양과 나뭇잎이 고추가 달리는 고추의 잎과 비슷하여 '고추나무(Staphylea bumalda)'라 불리는 이 나무는 봄에 꽃이 필 때 아낙들이 모두 잎을 따서 나물로 먹기 때문에 꽃과 더불어 피해를 당하는 꽃이다.

'동충하초(冬虫夏草, Cordyceps sobolifera)'는 번데기 같은 유충의 등에 버섯 모양의 순이 나 있으며 오염되지 않은 습기 있는 들녘의 골짜기 등에서 자란다. 우리나라에는 약 8종이 있는 것으로 보고되고 있으나 휴전선의 이곳 지역에서는 2종의 동충하초가 발견되기도 하였고, 중국 등지에는 무려 280여 종이 있는 것으로 보고된다.

이 지방의 낮은 계곡이나 들녘의 도랑가 등지에서는 초여름이면 봄에 알을 낳아 부화한 새끼 청개구리들이 한낮이면 풀잎에 모여 졸고 있거나 개구쟁이 같은 놈은 엉겅퀴 등의 꽃에 오르기 위해 높은 데까지 오르는 재미있는 모습들을 볼 수 있다. 여름이면 여러 종류의 잠자리나 풍뎅이, 나비류 등 많은 곤충들도 볼 수 있어 자연이 그대로 살아 있음을 입증해 준다.

고추나무 • **Staphylea bumalda**

휴전선의 야생 동물

청개구리

밀잠자리

부전나비

판문점, 대성동, 석곳리

대성동에서 본 남과 북의 국기

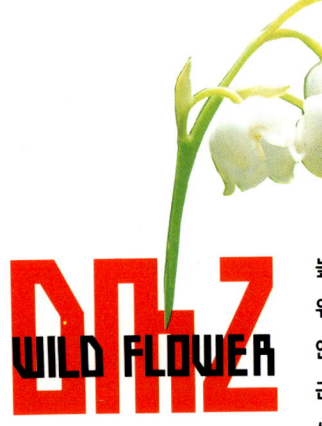

높은 산은 없지만 임진강 어귀 산 위에 올라서면 북녘의 황해도 연백군이 한눈에 보이는데, 근자에는 많은 사람들이 이곳 산에 올라 북녘의 산하를 바라보며 망향의 그리움을 달랜다. 이러한 애절한 사연을 아는지 모르는지 강변이나 낮은 산자락 숲 속에는 봄이 오면 어김없이 작은 꽃들이 피어난다.

휴전선의 야생화

경기도 파주군 임진강변의 임진각은 고향을 북녘에 두고 온 실향민들이나 그 밖의 많은 관광객들이 찾는 곳으로 자유의 다리를 건너 판문점으로 들어가는 길이 있기도 한 곳이다. 그러나 관광객들은 여기서 더 이상 가지 못하고 발길을 멈추고 고향의 하늘을 향하여 날아가는 철새들에게나 안부를 물어야 하는 애처러운 곳이다.

건너편 산자락 끝의 넓은 평원지 석곳리의 들은 농사를 짓지 않는 잡초가 우거진 수십만 평의 큰 평원지(平原地)여서 민통선 지역으로 함부로 들어갈 수 없는 땅에 잡초군만 무성하다.

판문점 옆의 대성동(大城洞) 마을은 휴전선 지역 가운데 마을 앞의 언덕 하나 사이에 두고 북녘과 마주보는 전원 마을이다. 집집마다 울타리에는 호박덩굴이 올라가고 해바라기가 고개를 숙이고 있어 온갖 정원수들로 아름답게 꾸며 놓은 듯 정말 평화롭게만 보이는 곳이다. 마을 어귀 높이 솟은 탑 위에 우리의 태극기가 펄럭이고 맞은편 북쪽의 마을에도 그 곳의 국기가 펄럭이며 쌍벽을 이룬다. 마을 앞 전망대에서 보는 북녘 땅에는 음산한 기운이 들 정도로 위장된 마을이 들어서 있고 가운데 들녘 풀밭 가운데에는 남북한 군사분계선의 녹슬은 노란색 팻말이 서 있을 뿐이다.

대성동 마을의 군사분계선 표지판

이러한 애절한 사연을 아는지 모르는지 강변이나
낮은 산자락 숲 속에는 봄이 오면 어김없이 작은
꽃들이 피어난다. 봄에 먼저 꽃망울을 터뜨리는
'현호색(Corydalis turtschaninovii)'이라는 풀은
양귀비과의 독이 있는 작은 풀로 이른봄 양지바른
숲 속이나 논둑에서 연한 하늘색의 꽃을 피우고 땅
속에 덩이뿌리가 대추알만한 게 들어 있는
약용으로 쓰이는 풀이다.

이들과 같이 더욱 낮은 곳이나 들녘에 피는
'들현호색(Corydalis ternata)'은 현호색과 같은
무리로서 꽃 색깔에 붉은빛이 돌며 풀은 현호색
보다 훨씬 큰데, 뿌리 역시 약으로 쓰이며 각처에서
흔히 볼 수 있는 풀이기도 하다.

대성동 마을에서 바라본 북한 초소

현호색 • *Corydalis turtschaninovii*

들현호색 • *Corydalis ternata*

건너다보이는 북괴군 초소에는 섬짓한 붉은 구호가 나붙어 있고 넓지 않은 들녘을 가로지르는 둑 위로 철조망이 쳐져 있다. 사람은 못가지만 백로들은 남과 북을 자유로이 날아다니며 먹이를 찾는다. 시원하게 뚫린 통일로는 북녘으로 뻗어 올라가다가 임진각에서 멈추지만 이 길이 언제인가는 멀리 신의주, 백두산 끝까지 이어지는 날이 오리라 믿으며 아쉬운 마음으로 통일로를 따라 북녘을 바라보게 된다. 높은 산은 없지만 임진강 어귀 산 위에 올라서면 북녘의 황해도 연백군이 한눈에 보이는데, 근자에는 많은 사람들이 이곳 산에 올라 북녘의 산하를 바라보며 망향의 그리움을 달랜다.

이 무렵 낮은 지대의 산 숲 속에서 꽃줄기나 풀잎에 흰 솜털을 듬뿍 쓰고 작은 국화 모양의 붉은 빛 도는 흰 꽃을 피우는 '솜나물(*Leibnitzia anandria*)'이 가랑잎 사이로 얼굴을 귀엽게 내민다. 이 풀은 옛날에는 '부싯깃나물'이라 불리기도 했으며 풀 전체에 섬유질이 많이 들어 있어 잎을 말려서

부수면 솜같은 섬유질만 남고 이것을 성냥이나 라이터 불이 귀한 시절에 부싯깃의 쏘시개로 썼던 것이다. 봄에 어린순은 나물로 먹고 떡을 해먹기도 하는 일종의 산나물이다.

꽃 모양이 아기들이 차고 다니는 은방울 모양 같다 하여 '은방울꽃(*Convallaria keiskei*)'이 된 이 꽃은 5월의 대표적인 꽃으로, 일명 '향수화(香水花)', '오월화(五月花)'라 부르기도 한다. 이곳의 나지막한 산기슭 초원에서 휘어진 꽃줄기에 조랑조랑 꽃을 매달고 그윽한 향기를 휘날리며 귀여운 모습으로 아름답게 핀다.

예부터 여러 가지로 쓰임새가 많은 풀로 풀잎이 타래 모양으로 옆으로 비틀리며 나오는 '타래붓꽃(*Iris pallasii* var. *chinensis*)'은 낮은 곳의 약간 건조한 곳의 풀밭이나 습기 있는 곳에서 무성히 자란다. 연한 자줏빛의 가녀린 꽃을 많이 피워 내는데 북한 지역으로 올라갈수록 더욱 많이 자라는 풀이다.

야생 식물 중에는 그 모양이 이상한 것들이 흔히

솜나물 • **Leibnitzia anandria**

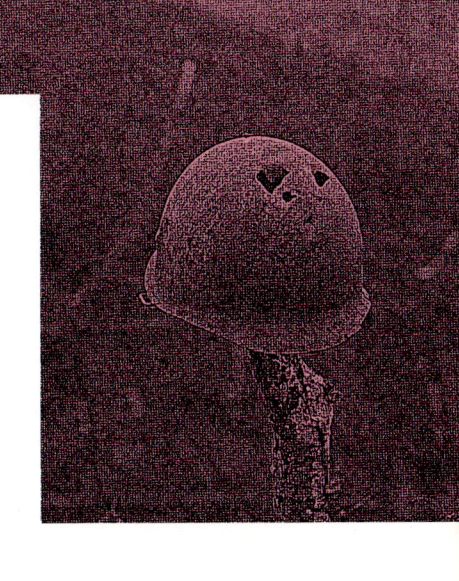

있지만 역시 꽃과 꽃줄기의 모양이
꼭 낙지발 같다 하여 그 이름이 생긴
‘낙지다리(Penthorum chinense)’는 특히 이곳 휴전선
지역의 낮은 곳 습지 도랑가 등지에서 볼 수 있는데
이제는 귀한 풀이 되고 말았다. 풀섶에서 낙지가
다리를 뻗친 듯한 모양인 이 꽃은 돈나물과의
식물이다. ‘할미밀방(Clematis trichotoma)’은
‘사위질빵’ 등과 같은 무리로서 연약한 줄기 때문에
빗대서 나온 이름으로, 옛날 할머니들이 등에 지고
다니던 봇짐의 끈을 해도 끊어질 만큼 연약한
줄기이며 미나리아재비과의 독이 있는 덩굴이다.
　‘큰꽃으아리(Clematis patens)’는 할미밀방 등이나
같은 무리이지만 그 중에서 가장 꽃이 크고
화려하다. 꽃의 크기는 무궁화꽃 정도나 되며
화려한 연녹황색과 자주색 꽃이 피는 덩굴로 이
지역 낮은 야산지 숲 속에서 꽃이 핀다.
　‘애기달개비’라고도 불리는 ‘사마귀풀(Aneilema
japonicum)’은 들녘의 논이나 도랑가 물이 있는
곳에서 자란다.

　여름에 연한 자줏빛의 작은 꽃이 피고 연약한
줄기가 뻗어나가며 초가을까지 꽃이 핀다. 특히
경기도 북부에서 흔히 볼 수 있는 닭의장풀과에
속하는 풀이다.

은방울꽃 • Convallaria keiskei

타래붓꽃 • Iris pallasii var. chinensis

낙지다리 • Penthorum chinense

할미밀방 • Clematis trichotoma

큰꽃으아리 • Clematis patens

사마귀풀 • Aneilema japonicum

패랭이꽃 • Dianthus sinensis

우리 주변의 산과 들에서 6월부터 10월까지 연분홍색 꽃을 피우는, '카네이션'의 조상 격인 '패랭이꽃(Dianthus sinensis)'은 가늘고 마디가 있으며 잎과 줄기의 마디가 대나무와 닮았다 하여 일명 '석죽(石竹)'이라 부르기도 하는데 들녘이나 산기슭 풀섶에서 가녀린 꽃줄기 끝에 고운 꽃을 달고 아름답게 피어난다.

'조뱅이(Cephalonoplos segetum)'는 길가 둑이나 텃밭 등지에서 흔히 자라며 특히 강변의 들녘에서 많은 꽃이 핀다.

꽃 모양이 아이들이 놀이할 때 턱에 종이로 오려서 붙이는 수염 모양 같다 하여 '수염가래꽃(Lobelia chinensis)'이라 불리는 이 풀은 대개는 들녘의 논둑 등에서 자라 작은 꽃이 피지만 농사 짓는 농부의 발길에 짓밟히고 만신창이가 되어도 다시 줄기를 내밀고 붉은빛이 도는 흰 꽃을 피우는 강인한 풀로 이 지역의 철조망가에서도 피어난다. '부처꽃(Lythrum anceps)'은 일명 '천굴채(千屈菜)'라 하여 약으로 쓰이는 풀로 특히 물가에서 자라고 못가나 늪지변, 강가 등에 많이 나며 판문점 부근의 호수변에서 홍자색의 꽃을 피워 들녘을 아름답게 해주기도 한다.

'부레옥잠(Eichhornia crassipes)'은 외지에서 우리나라로 들어온 귀화식물이지만 어느 장병들이 심은 것인지 저절로 자라는 것인지 이곳의 작은 연못을 가득 메우고 화려한 꽃잎을 활짝 펴 꽃나비가 춤이라도 추듯 무척 황홀한 모습을 보여 준다.

군데군데 늪지나 작은 못(池) 또는 커다란 호수의 물이 흐르는 도랑에는 '황소가리', '버들치', '우렁이', '꽃뱀', '청개구리' 등이 많이 서식하고 있으며 이들을 노리는 천적인 '두루미', '왜가리' 등이 수없이 날아들고 있다.

풀섶에는 한낮에 따사로운 햇볕을 받고 '달팽이'가 길다란 뿔을 뻗치고 나와 있으며 '달랑게', '태극나방', '나비' 등이 여기저기 나와 있어 인적이 끊긴 지 오래됐음을 알 수 있고, 모든 생태계에 서식하는 것들의 천국이라 할 만큼 이곳 들녘은 살아 있다.

조뱅이 군락

조뱅이 • **Cephalonoplos segetum**

수염가래꽃 • **Lobelia chinensis**

부레옥잠 • **Eichhornia crassipes**

부처꽃 • Lythrum anceps

휴전선의 야생 동물

판문점의 우렁

태극나방

판문점의 방게

풍뎅이

나비

대성동의 꽃뱀

달팽이

풀잎 위의 청개구리

서부전선

애기봉, 사암리, 월곳리

애기봉에서 본 북한 지역 선전 마을

경기도 김포 지역에 있는 애기봉은 건너편의 황해도 개풍군과 연백군의 일부가 한눈에 보이는 곳으로, 한강과 임진강이 합류하는 지점은 남쪽과 북쪽의 갯벌이 서로 손에 잡힐 듯이 가까운 거리에 위치한 곳으로 강 한가운데의 무인도(無人島)인 '유도'가 울창한 숲을 이루고 있다.

경기도 김포 지역에 있는 '애기봉'은 건너편의 황해도 개풍군과 연백군의 일부가 한눈에 보이는 곳으로, 한강과 임진강이 합류하는 지점은 남쪽과 북쪽의 갯벌이 서로 손에 잡힐 듯이 가까운 거리에 위치한 곳으로 강 한가운데의 무인도(無人島)인 '유도'가 울창한 숲을 이루고 있다.

유도를 기점으로 하여 남과 북으로 경계선 없는 한강 하류를 사이에 두고 멀리 건너다보이는 북한 지역에는 여전히 선전 구호들이 어지럽게 붙어 있고, 많은 철새들의 보금자리인 강 가운데의 유도에는 백로, 왜가리 떼들이 둥지를 틀고 알을 낳고 있다.

이곳의 철새들도 남북이 갈라진 것을 아는지 모르는지 남과 북을 자유로이 날아들고 전적비가 우뚝 솟아 있는 그 옛날의 격전지인 애기봉 위에는 푸른 하늘의 태극 깃발이 더욱 힘차게 펄럭인다. 멀리 보이는 북한 지역에는 선전용 마을들이 즐비하게 늘어서 있지만 밤이면 불도 켜지 않는 그야말로 위장된 집들이다.

그러나 이곳의 강둑이나 들녘의 길가 언덕에도 다른 데와 다를 바 없이 많은 풀들이 자라고 봄이면 어김없이 아름다운 색깔로 꽃이 핀다.

휴전선의 야생화

유도의 왜가리 서식지

'서양민들레(Taraxacum officinale)'가 이곳에서 큰 군락지를 형성하고 많은 꽃을 피워 들녘을 꽃밭으로 만들어 버린다. 이들 '서양민들레'는 '민들레'와 거의 비슷하지만 꽃받침이 뒤로 젖혀진 것과 봄부터 여름 늦게까지 꽃이 피는 것이 다르며 기존 민들레보다 더 많이 퍼져 자란다.

'오랑캐꽃', '씨름꽃'이라 부르기도 하는 '제비꽃(Viola mandshurica)'은 각처의 길가에서 흔히 자라지만 이곳 강가의 둑에서도 작은 꽃을 피워 불어오는 강바람이 싫은 듯 고개를 움츠린다.

서양민들레 • Teraxacum officinale 열매

서양민들레 • *Taraxacum officinale* 군락

제비꽃 • Viola mandshurica

'박주가리(Metaplexis japonica)'는 낮은 곳의 길가 풀섶에서 자라며 들녘의 둑에서 연붉은빛의 꽃이 피면 특히 풍뎅이가 많이 찾아오는 꽃으로, 줄기를 자르면 흰 유액이 나온다. 가을에 오이 모양의 열매가 열리고 벌어지면 흰 명주실 같은 씨의 날개가 퍼지며 멀리 날아가 번식하지만 씨의 흰 날개는 도장밥 등을 만드는 재료로 쓰이기도 한다.

나뭇가지에 조밥을 튀겨 촘촘히 붙인 것 같이 작은 꽃을 많이 피워 이름 붙인 '조팝나무(Spiraea prunifolia)'는 다른 데서도 많은 꽃이 피지만 이 곳에서 피는 순백의 조팝꽃은 흰눈송이처럼 청아하기 이를 데 없으며 봄 들녘에 향기를 은은하게 퍼뜨린다.

땅속에서 솟아나는 뱀의 머리 같다 하여 '뱀대가리', '뱀밥' 등으로 부르기도 하는 '쇠뜨기(Equisetum arvense)'도 이곳의 둑에 눈이 녹으면서 고개를 내밀고 갈색의 포자를 바람에 날려 보낸다. 옛날에는 이것을 필두채(筆頭菜)라 하여 나물로 먹기도 했다 한다.

조팝나무 • **Spiraea prunifolia**

쇠뜨기 • **Equisetum arvense**

'지칭개나물(Hemistepta lyrataw)'은 논밭에서 흔히 자라며 봄이면 아름답지 못한 많은 꽃을 피우다가 씨를 바람에 날리는 일종의 나물류이다.

이들과 같이 줄기에 지느러미를 많이 달고 꽃을 피우는 엉겅퀴 무리의 하나인 '지느러미엉겅퀴(Carduus crispus)'는 이곳의 양지바른 밭, 둑 등에서 붉은 꽃을 피우고 유난히 나비와 나방들을 많이 불러모으는 풀로서 풀잎을 따서 상처에 붙이면 금새 피가 멎어 지혈작용을 하는 5월에 가장 먼저 꽃이 피는 국화과의 엉겅퀴 가운데 하나이다.

박주가리 • **Metaplexis japonica**

지느러미엉겅퀴 • Carduus crispus

지칭개나물 • Hemistepta lyrata

서부전선

강화 교동도, 보름도

강화도에서 본 북한 마을

DMZ WILD FLOWER

강화군 철산면에서 바라본 북한 지역의 황해도 개풍군이나 연백군에는 어김없이 구호만 커다랗게 붙어 있는 모습이 음산하기 이를 데 없다. 철산리 부근에는 많은 지석묘가 있기도 하고 바로 바다 건너편은 북한 지역의 개풍군이 한걸음에 닿을 수 있을 정도로 가까운 지역이다.

강화도는 예부터 화문석과 인삼의 주산지로 유명한 곳이다. 지금도 이곳의 각 지방 농가에서는 왕골을 심어 가을이 되면 이 왕골을 잘라 화문석의 재료로 만들어 쓴다.

강화군 철산면에서 바라본 북한 지역의 황해도 개풍군이나 연백군에는 어김없이 구호만 커다랗게 붙어 있는 모습이 음산하기 이를 데 없다.

철산리 부근에는 많은 지석묘가 있기도 하고 바로 바다 건너편은 북한 지역의 개풍군이 한걸음에 닿을 수 있을 정도로 가까운 지역이다.

바닷가 양지바른 둑에는 병아리 같은 노란 꽃들이 피어나 봄이 왔다고 소리 치는 듯 '양지꽃(Potentilla fragarioides)'이 솜털을 뒤집어쓰고 추운 듯이 피어나 애처럽기까지 하다.

인가(人家) 주변이나 길가 언덕 등에 무리 지어 자라고 줄기를 자르면 노란색의 유액이 나온다 하여 이름 지어진 '애기똥풀(Chelidonium majus)'은 '까치다리', '젖풀', '씨아똥'이라 불리기도 하는데 봄부터 여름까지 작은 노란 꽃이 피며 줄기에는 흰 털이 많이 나 있는 양귀비과의 유독성식물로서 약(藥)으로 쓰일 때는 백굴채(白屈菜)라 불린다.

양지꽃 • *Potentilla fragarioides*

애기똥풀 • *Chelidonium majus*

애기똥풀 꽃

'애기메꽃(Calystegia hederacea)'은 들녘의 습기
있는 둑에서 연한 홍색 나팔 모양으로 꽃이 피며
각 처의 풀섶에서 흔히 자라듯 이 지역에서도
많이 자란다.

'물옥잠(Monochoria Korsakowii)'은 풀잎은
옥잠화를 닮았고 물에서 자란다 하여 '물옥잠'이라
부른다. 이 풀은 특히 강화 지방 들녘의 논에서 가을
벼이삭이 누렇게 익어갈 즈음에 짙은 자줏빛의 작은
꽃을 피운다. 무리 지어 자라지만 농부에게는 귀찮은
잡초가 되어 보이면 뽑아버리기도 하지만 지금은
더구나 제초제 등을 뿌리기 때문에 꽃을 찾기가
대단히 어렵다. 예전에는 모내기해 놓고서 농부가
게으름을 피우며 논에 가지 않는 사이에 재빨리
자라 꽃을 피우고 씨를 맺어 농부와 늘
숨바꼭질하던 풀이기도 하다.

강화도에서 서북쪽으로 떨어져 있는 교동도는
강화도와 교동도 간(間) 카페리호가 있는 민통선
마을로 다른 민통선 마을에 비해 마을이 크고 끝이
안보일 만큼 넓은 기름진 평야를 가진 살기 좋은
섬으로 농사가 주업인 큰 섬이다.

바다에 '물이 빠지면 바닥이 거의 드러나 곧바로
북한 지역과 이어지는 듯한 거리로 느껴지는
곳이기도 하다. 이곳 섬에도 많은 인삼밭이 있다.
최북단의 인삼밭과 물고기들이 뛰노는 것이 보이는
커다란 저수지, 호수 가장자리에는 물총새들이
수없이 둘러앉아 움직이는 물고기를 긴 주둥이로
찍어 내는가 하면 하늘에서도 여러 마리의 새들이
물 속으로 곤두박질하다 오를 때는 커다란 물고기를
입에 물고 날아가는 모습을 볼 수 있다.

옛날에 지어진 농가들은 규모가 큰 집들이어서
대단히 풍요로운 마을임을 누구나 알 수 있을
정도이다. 넓은 평야에 농사 짓고 살아가는
마을답게 전형적인 농촌 풍경을 이루며 사는 이곳
마을 전깃줄에도 역시 수백 마리의 제비떼가 모여
앉아 있는 것을 볼 때 이곳 들녘에도 농약이 심하게
뿌려지지는 않는 것 같다.

애기메꽃 • **Calystegia hederacea**

교동도 최북단의 인삼 재배지

물옥잠 • Monochoria Korsakowii

마을 어귀 어느 집 화단에는 '백합', '국화', '해바라기'가 가지런히 심어져 있고 청개구리 한 마리가 백합꽃 통 위에 앉아서 한가롭게 졸고 있다. '백합(Lilium longiflorum)'은 화단에 심는 원예종 식물이다.

'솔나물(Galium verum)'은 북녘이 건너다보이는 바닷가 둑에서 무리 지어 노란 꽃을 피우고 있는, 꼭두선과의 풀이다.

집 주변 닭장 밑에서 잘 자란다 하여 '닭의꼬꼬', '닭의밑씻개', '달개비' 등으로 불리기도 하는, 잡초 취급이나 받고 있는 '닭의장풀(Commelina communis)'이 이곳의 길가에서도 가녀린 보랏빛의 꽃을 많이 피우고 자란다.

'까치수염(Lysimachia barystachys)'은 각곳의 산야지에서 나는 앵초과의 풀로 이곳 해변가의 논둑에서도 이삭 모양의 꽃자루를 옆으로 늘어뜨린 채 흰 별 모양의 많은 꽃을 피우고 있다. 옛날에는

'개꼬리풀'이라 부르기도 한 풀이다.

교동도와 석모도의 보다 서쪽 끝 남방한계선 가까이에 있는 민통선 마을의 작은섬 보름도. 옛날에는 이곳에 잘못 들어가면 서해 바다의 간만차가 심하기 때문에 배의 접근이 어려워 보름만에야 나올 수 있었다 한 데서 비롯된 섬이름인 것 같다. 이곳의 해변에서는 어린아이들이 낚싯대를 바다에 드리우고 노는 것이 유일한 놀이인 듯 무척 평화롭게 느껴지는 섬이다.

이곳에는 작은 포구가 있어 현지 주민들이 어업을 하는 데 있어 어항(魚港) 구실을 한다. 이곳 포구에 석양이 붉게 물들면 서해 바다 특유의 전경을 볼 수 있지만 바로 건너편에는 진지를 파고 대남 방송이나 종일 해대는 북괴군 때문에 한편 불안하기도 한 곳이다.

보름도의 백합 • Lilium longiflorum과 청개구리

솔나물 • *Galium verum*

닭의장풀 • *Commelina communis*

까치수염 • *Lysimachia barystachys*

그러나 바닷가의 모래땅에는 바닷바람을 맞으며 자라는 둥근 풀잎을 가진 '갯메꽃(Calystegia soldanella)'이 연분홍 꽃잎을 활짝 펴고 반겨 준다. 동해, 서해, 남해 각 바닷가 모래땅에서 자라는 메꽃무리로서 해풍을 받아서인지 더욱 강하게 보이고 많은 꽃을 피우기도 하는 풀이다.

텃밭이나 논둑에서 흔히 나는 '들떡쑥(Leontopodium leontopodioides)'은 이곳의 바닷가 둑에서도 솜을 뭉쳐 놓은 듯한 흰색의 줄기에 작은 꽃이 핀다.

들떡쑥 • **Leontopodium leontopodioides**

컴프리 • **Symphytum officinale**

갯메꽃 • **Calystegia soldanella**

오래 전에 외지에서 들어와 차(茶) 대용으로 쓰여지던 풀 '컴프리(Symphytum officinale)'는 지금은 야생 상태로 퍼져나가 길가 둑이나 인가 부근 어디에서고 잘 자란다. 큰 잎 전체에는 털이 있고, 고개를 숙이고서 연붉은색의 꽃을 피운다.

해변가 바위에는 괭이갈매기 떼가 한가로이 모여 있고 마을의 처마 끝에는 왕거미 한 마리가 열심히 거미줄을 치고 있다. 평화롭기 그지없는 서해의 외딴섬 보름도는 붉게 타오르는 저녁노을과 함께 밀려오는 파도 소리만 고요한 섬의 적막을 깨뜨린다.

서부전선

백령도, 대청도

백령도 두무진

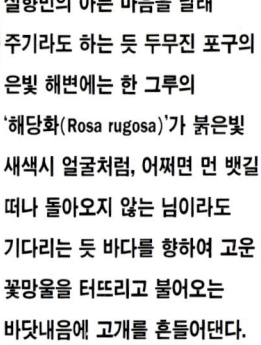

실향민의 아픈 마음을 달래 주기라도 하는 듯 두무진 포구의 은빛 해변에는 한 그루의 '해당화(Rosa rugosa)'가 붉은빛 새색시 얼굴처럼, 어쩌면 먼 뱃길 떠나 돌아오지 않는 님이라도 기다리는 듯 바다를 향하여 고운 꽃망울을 터뜨리고 불어오는 바닷내음에 고개를 흔들어댄다.

백령도(白翎島)는 대단히 넓은 면적을 차지하고 있는 서해의 최북단 섬이다. 이곳 연화리(蓮花里) 두무진 포구의 절경은 서해의 소금강(小金剛)이라 일컬을 정도로 아름답다.

수천 년에 걸쳐 파도와 비바람에 씻기워 형성된 바위군은 다른 곳에서는 볼 수 없는 갖가지 형상의 기암 괴석이 되어 푸른 파도와 더불어 아름답기 그지없는 장관을 연출한다.

이 기암 괴석과 더불어 물거품을 뿜으며 빙빙 돌아가는 검푸른 바닷물결이 이곳의 물살이 얼마나 거센지 짐작케 한다.

더구나 이곳 앞바다는 그 옛날 심청이가 앞 못보는 아버지를 위하여 공양미 삼백 석에 팔려와 바다에 뛰어들었다는 그 인당수가 있던 곳이라 하는데, 바다를 보는 마음이 숙연해질 따름이다.

인당수 바다를 건너 육안으로 보이는 아늑한 산줄기는 바로 황해도 장산곶마루의 절경을 이룬 산으로, 북녘에 고향을 두고 온 실향민들이 간혹 이곳을 찾아 멀리 보이는 고향산천 하늘을 바라보고 부모형제의 안녕을 기원하기도 하는 곳이다.

백령도 전경

이러한 실향민의 아픈 마음을 달래 주기라도 하는
듯 두무진 포구의 은빛 해변에는 한 그루의
'해당화(Rosa rugosa)'가 붉은빛 새색시 얼굴처럼,
어쩌면 먼 뱃길 떠나 돌아오지 않는 님이라도
기다리는 듯 바다를 향하여 고운 꽃망울을 터뜨리고
불어오는 바닷내음에 고개를 흔들어댄다.

이곳 주민들의 어항(魚港)인 연화리 포구에서는
까나리젓이 직접 바닷가에서 담가지고 있는데 이
까나리젓은 이미 그 맛을 인정 받아 도시에서는
맛보기가 어려운 젓갈로, 이곳에 연고가 있는
사람들이나 이 젓갈로 맛있는 김치를 담글 수 있을
만큼 귀하다. 이 지역에는 까나리젓과 더불어
홍어가 많이 나고 바닷가에는 콩돌이 많이 깔려
있기도 한 민통선 지역이다. 넓고 끝없이 펼쳐진
은모래 백사장에는 비행기가 착륙하는 진풍경도 볼
수 있다. 건너편 남동쪽으로 바로 건너다보이는 섬
대청도(大靑島)는 대청리(大靑里)의 어항(魚港)이
있고 바로 건너편 소청도(小靑島)는 맛좋은 미역
생산지로 유명한 곳이기도 하다.

명파리의 해당화 • Rosa rugosa

백령도의 절경

    대청도의 북쪽 산기슭은 바다의 풍화(風化)
작용에 의해 바닷모래가 산 위까지 올라가 덮이는
현상을 보여 제법 큰 산기슭이 흡사 사막처럼
주황색으로 덮이는 데다 식물이 자라지 않아 작은
사막을 이루고 있는 듯하다. 특히 대청도에서는
염소나 소 등을 방목하는 경우가 있어 해질 무렵
어미소와 새끼소가 넓은 모래 벌판을 가로질러 가는
모습은 영화의 한 장면을 보는 기분이 든다.

    외지에서 목초용으로 들어와 여러 산과 들에
퍼져 자라는 일명 '크로버'라는 '토끼풀(Trifolium
repens)'이 이곳 길가에서도 쉽게 눈에 띄는데
여름에 흰 꽃이 많이 핀다.

    바닷가 갯벌이 있는 넓은 지역에는
'땅채송화(Sedum oryzifolium)'가 큰 군락을 이루고
노란색의 꽃가루를 뿌려 놓은 것처럼 많이
피어난다. 해변가의 바위 틈 등에서는 바다의
염기를 맡으며 자라는 잎과 줄기가 두툼한
'갯까치수염(Lysimachia mauritiana)'이 군데군데에서
가녀리고 흰 작은 꽃을 피우며 자라고 있다.

토끼풀 • Trifolium repens

백령도 두무진

수천 년에 걸쳐 파도와 비바람에 씻기워 형성된
바위군은 다른 곳에서는 볼 수 없는
갖가지 형상의 기암 괴석이 되어 푸른 파도와 더불어
아름답기 그지없는 장관을 연출한다.

인당수와 황해도 장산곶마루

땅채송화 군락

땅채송화 • *Sedum oryzifolium sedum Oryzifolium*

붉은토끼풀 • *Trifolium pratense*

꿀풀 • **Prunella vulgaris**

갯까치수염 • **Lysimachia mauritiana**

　일명 '하고초(夏枯草)'라고도 하는 '꿀풀(Prunella vulgaris)'은 약으로 쓰이기도 하며, 여름에 꽃이 피고 꽃대가 말라 죽는다 해서 얻어진 이름이다. 이 풀은 전국의 산과 들에서 자라며 5월에 자주색 꽃이 피고 6월이면 꽃대가 말라 죽는데 그 후 옆에서 잔가지가 나와서 뻗으며 번식이 된다. 어린이들이 꽃을 따서 꿀을 빨기도 하는 '꿀방망이'라 부르기도 하는 풀이다.

　외국에서 목초(木草) 자원으로 들어와 우리나라 각 목장 주변으로부터 퍼져서 자라기 시작하여 이곳 먼 서해의 섬까지 날아온 '붉은토끼풀(Trifolium pratense)'은 토끼풀과 같은 무리로 토끼풀보다 위로 높게 자라고 전체에 흰 털이 나며 잎에 희미한 무늬가 나 있고 붉은색의 꽃이 핀다.

　휴전선 155마일(6백리), 해상 155마일(6백리), 줄잡아 휴전선 1천2백리 길을 따라 아름다운 우리의 꽃을 찾아서 높고 낮은 전선(戰線)의 고지와 산골짜기, 들녘 혹은 호수 주변의 늪지, 민통선 마을 인근 강변이나 바닷가 등을 골고루 탐사하며 없어진 줄 알았던 귀한 것들을 이곳 휴전선 지역에서 만나 건재하게 살아 있음을 확인했을 때는 더없이 반가운 마음이 들었다. 위험을 무릅쓰고 이들 꽃을 찾아 동해를 출발하여 서해 끝까지 수차례에 걸쳐 답사하는 동안 휴전선의 생태계는 분명 그 힘을 잃지 않고 살아 있음을 재삼 확인할 수 있었다.

　그러나 온 국토를 뒤덮다시피 하여, 우리 고유의 야생 식물들이 뒤에 가려지는 경향이 있어 안타까운 일이 있다면 이곳 휴전선 지역에도 예외 없이 외지의 강한 풀들이 들어와 있다는 것이다. 향로봉의 높은 꼭대기, 대암산 정상, 멀리 서해의 섬 지방에 이르기까지 '개망초', '달맞이꽃', '망초', '토끼풀', '붉은토끼풀', '컴프리', '전동싸리', '끈끈이대나물', '큰달맞이꽃' 등 외지의 풀들이 의외로 많이 자라고 있다는 것은 매우 안타까운 일이 아닐 수 없다.

　우리 땅 곳곳에서 우리의 토종 식물들이 없어져가고 있다는 것은 우리의 역사가 하나하나 없어져 가는 것과 다름없다. 앞으로 우리의 고유한 야생 식물들이 더욱 번성하기를 바라는 마음뿐이다.

한라산 철쭉이 북상하면서
하나되던 날
휴전선 야생화는 통일의 길잡이 되리니
평화의 사신으로 피여
조국의 목마름을
그 고운 빛깔로 노래부른다.

한라에서 백두대간을 따라

한라에서 백두대간을 따라

마라도(馬羅島)

마라도의 '대한민국 최남단' 비

1월인데도 마라도에는 땅바닥에서 수많은 새싹들이 돋아나기 시작한다. 이 섬은 식물상으로는 그다지 눈에 띌 만한 것들이 자라지 않으나 겨울에 내륙에서는 볼 수 없는 갯쑥부쟁이가 철도 모르고 가을부터 겨울 동안 무성히 자라 혹시나 이곳을 찾는 관광객에게는 늘 가을로 착각될 만큼 바닷가 언덕에 많은 꽃을 피운다.

우리나라는 남녘에 제주도(濟州島)의 한라산(漢拏山)과 북녘에 백두산(白頭山)이 남과 북의 큰 기둥처럼 치솟아 있어 오랜 세월 동안 이땅을 지켜 오고 있다.

이제부터 국토의 최남단 작은 섬에서부터 한라산, 지리산, 태백산맥을 따라 대관령, 한계령, 설악산, 휴전선, 금강산을 넘어 묘향산, 낭림산맥을 거쳐 백두산에 이르기까지 주요한 지역의 식물 특징과 간단한 분포 상태 및 현재의 자연환경 실태를 살펴보며 긴 여행을 시작한다. 단 휴전선 이북 지역은 지금까지 탐사하지 못한 관계로 휴전선에서 백두산으로 길고 아름다운 산맥을 뛰어넘고 마는 것이 매우 안타까운 일이다.

제주도의 남쪽 바다에 떠 있는 작은 섬 마라도. 파도가 세게 몰아치면 보이다 안보이다 하는 작은 섬이다. 국토의 최남단이라 불리는 이 마라도와 제주의 대정항(大靜港)과의 중간쯤에는 마라도보다 훨씬 넓은 면적의 가파도(加波島, 가파리)가 자리하고 있다.

이들 섬은 물론 크기도 작지만 나지막한 산도 볼 수 없는 그저 평평한 모래섬처럼 이루어졌다.

마라도의 섬 남쪽 맨끝 언덕에는 '대한민국최남단(大韓民國最南端)'이라고 적힌 큰 비석이 우뚝 세워져 있다. 섬 전체라고 해야 몇 가구

마라도의 등대와 탐사단원

되지 않는, 작은 집들이 돌담으로 둘러싸여 지붕만 간신히 보인다.

그러나 이 섬 중앙에 자리하고 있는 등대는 그 규모가 큰 편으로 우리나라의 남녘으로 들어오는 관문에 위치한 탓인지 우뚝 솟아 그 위용을 자랑한다. 등대가 있는 남쪽 약 80여 미터의 바위 절벽 위에는 언제 어떻게 심어져 자라기 시작했는지 그 시기가 불분명한 '선인장(Opuntia ficus-indica var. saboten)'이 큰 군락을 이루고 있다.

1월 초순인데도 그 푸르름을 유지하고 있고, 머리에 둥근 열매를 모두 올려 놓은 듯이 자라고 있는 것을 보면 이곳이 따스한 기후임을 금방 알 수 있다. 제주도 서편 월령 마을에서도 마을 전체를 덮고 있을 정도로 집과 집 사이의 돌담장마다 오래 묵은 선인장들이 자라고 있다. 평평한 넓은 초원지에는 말라 죽은 누우런 풀잎들이 마치 소의 등 같고, 그 위로 몇 마리의 방목하는 염소떼가 일찍 새끼를 이끌고 나들이한다. 마라도 북쪽 언덕 아래에는 '마라 분교'가 자리하고 있는데 이곳 몇 안되는 어린이들에게 교육의 산실이 되고 있다. 마라도에서 멀리 북쪽으로 바라 본 제주도의 모습은 구름에 가려진 한라산은 보이지 않고 우뚝 솟은 산방산만이 아련히 보인다.

1월인데도 이곳 마라도에는 땅바닥에서 수많은 새싹들이 돋아나기 시작한다. 웅크리고 있던 땅채송화들이 먼저 파란 새싹을 내밀고 있다. 이 섬은 식물상으로는 그다지 눈에 띌 만한 것들이 자라지 않으나 겨울에 내륙에서는 볼 수 없는 '갯쑥부쟁이(Aster hispidus)'가 철도 모르고 가을부터 겨울 동안 무성히 자라 혹시나 이곳을 찾는 관광객에게는 늘 가을로 착각될 만큼 바닷가의 언덕에 많은 꽃을 피운다.

어쩌면 우리나라의 봄은 이곳 마라도에서부터 시작되는지도 모른다. 봄 기운을 따라 북으로 북으로 여행을 떠난다.

마라도 선인장 • Opuntia ficus-indica var. Saboten 군락

마라도 갯쑥부쟁이 ● Aster hispidus 군락

한라에서 백두대간을 따라

제주도(濟州道)

눈 쌓인 한라산 전경

겨울이면 이곳 한라산에는 눈이
많이 내려 산 전체가 늘 흰눈으로
덮여 있고 낮은 지역은 푸른
상록수림으로 우거져 가장
한라산이 아름답게 보여지는
시기가 된다.
섬 전체를 둘러싼 바다는
쪽빛으로 더욱 아름답고 간간이
밀려오는 파도마저 겨울을 느끼지
못하게 한다.

제주도의 지붕 격인 한라산(漢拏山, 해발
1,950미터) 최정상에는 화산 분출로 인해 생긴
백록담(白鹿潭)이 있고, 이곳에서 동서남북
사방으로 크고 작은 산기슭이 형성되어 대단히 넓은
면적을 차지하고 있으며, 해발 1,700미터 부근에는
드넓은 고원지(高原地)가 형성되어 있기도 하다.

겨울이면 이곳 한라산에는 눈이 많이 내려 산
전체가 늘 흰눈으로 덮여 있고 낮은 지역은 푸른
상록수림으로 우거져 가장 한라산이 아름답게
보여지는 시기가 된다.

더구나 섬 전체를 둘러싼 바다는 쪽빛으로 더욱
아름답고 간간이 밀려오는 파도마저 겨울을 느끼지
못하게 한다. 서귀포 바다는 바다 밑이 들여다 보일
만큼 맑은 물을 유지하고 있어 더욱 청정 해역임을
알 수 있다.

섬 길가에는 가로수로 '후박나무', '먼나무'와 함께
'워싱톤야자나무(Washingtonia robusta)'가 곳곳에
많이 심어져 있어 더욱 이국적인 맛을 풍긴다.
워싱톤야자나무는 원예종으로 외지에서 들여와
이곳에서도 월동이 가능하기 때문에 많이 심어진
만큼 잘 자라고 있다.

위싱톤야자나무 • **Washingtonia robusta**

용설란 • **Agave americana**

이들처럼 많이 심어지는 나무로 '용설란(Agave americana)'이 있는데 가로변이나 혹은 바닷가에서 더욱 제주의 운치를 돋아 주기도 한다.

　1월 하순경이면 제주 지방도 눈이 많이 내리고 내륙지방은 한겨울이지만, 이곳의 산 낮은 곳 숲 속이나 산굼부리의 분지 안에 들어가면 특이한 현상이 벌어진다.

　산에서 가장 먼저 꽃이 핀다 하여 이름 붙인 '원일초(元日草)', 꽃이 피면 눈과 얼음을 녹여 버린다 하여 '눈색이꽃', '얼음새꽃'이라 불리기도 하는 '복수초(福壽草, Adonis amurensis)'가 황금색의 탐스런 꽃망울을 터뜨리고 눈 속에서 화려하게 피어난다. 이 '복수초'는 제주 지방에서는 1월∼4월에 꽃이 피고, 내륙의 중부아구에서는 3월∼5월에 꽃이 피며, 갑산아구 등의 백두산에서는 5월∼6월에 꽃이 피는데 역시 백두산에서도 눈과 얼음 속에서 꽃이 피어 이 지역에서는 '설연화(雪蓮花)'라 불리고 있다.

복수초 • **Adonis amurensis**

한라산 백록담 전경

성산 일출봉과 유채밭

한라산 복수초 • *Adonis amurensis* 군락

끈질긴 생명력을 가졌다 하여 '복수초'라
불린다고 하지만 어떠한 힘이 있어 눈과 얼음을
녹이는지, 이 꽃이 피면 주변의 눈이나 얼음이
둥글게 녹아 없어져 보는 사람을 흥미롭게 한다.
이 시기에 이들 '복수초'의 뿌리를 캐어 본 결과
뿌리에서 물이 끓는 듯이 하얀 김이 솟아오르는
것을 볼 수 있었다. 뿌리 자체가 뜨겁다는 것은 느낄
수 없지만 계속 수증기를 발산하는 것은 분명하다.

우리나라 남녘에는 봄꽃으로 알려진, 동절기에
화려하게 피어나는 '동백(Camellia Japonica)'꽃이
있다. 지금까지는 3월~4월에 꽃이 피는 것으로만
알려진 늘 푸른 나무이다.

그러나 이번 오랜 기간의 탐사 과정에서 이들
동백나무를 많이 만날 수 있었는데, 우리나라의
동백나무는 전라남도 진도(珍島) 지방에서 가장
먼저 10월 하순에 붉은 꽃망울을 터뜨린다는
것이다. 시들지도 않은 동백꽃이 나무 밑이 온통
붉게 덮일 지경으로 진도 지방의 최남단에서 많은
꽃을 피우고, 이내 그 꽃물결이 바다 건너 제주도로
건너가 제주도에서는 12월 하순경부터 이듬해 2월
하순까지 많은 꽃을 피운다. 그 꽃물결은 다시
북으로 북상하여 거문도, 여수 오동도, 충무 등을
거쳐 울릉도(동해)와 서해안의 전라북도 고창
선운사, 충청남도 서천군의 마량 등지에서
3월~4월에 꽃의 절정기를 이루다가 서해의 옹진군
대청도(대청면)에서 4월 하순에 붉게 타는 동백의
물결이 시들어진다.

이 과정에서 우리나라에 불과 몇 그루 안되는
희귀한 동백나무가 있다는 것을 알 수 있었다.
제주도, 거문도, 홍도 등지에 단 몇 그루만이 자라고
있는 희귀종 '흰동백(Camellia Japonica for.
albipetala)'이 그것이다. 제주도의 것은 개발의
명목으로 그 자생지가 훼손되어 없고, 홍도(紅島)의
것은 해풍에 가지가 손실되어 지금은 꽃을 피우지
못하며, 거문도에 단 두 그루가 있는데, 그 중 한
그루는 근 백년생으로 해마다 많은 꽃이 1월에 피어
붉은동백과 같이 순백의 청아함을 자랑한다.

그러나 거문도의 흰동백나무도 바로 뿌리 있는
곳까지 침범해 온 해수욕장의 개발과 방갈로 시설로

동백 • **Camellia Japonica**

인해 잘려질 위험에 처해 있다(1993. 1월 현재).
또 하나, 본 탐사단에 의해 거문도의 동백림(冬柏林)
천연보호구역내 수십만 그루의 동백 중에 연한
분홍색 꽃이 피는 '분홍동백'이 발견되어 매스컴에
보도된 바 있었지만, 이 보도가 나가고 바로 지역
방송에서 다시 방송하기 위해 찾아갔을 때는 그 단
한 그루밖에 없던 분홍동백나무도 이미 누구의 손에
의해 무참히 톱으로 잘려 뿌리째 뽑아간 것이
확인되었다. 이는 섬 지방에서 흔히 재배되고 있는
동백나무의 분재 때문에 누군가 탐욕을 부린 것이
틀림없으나, 쓸 만한 나무만 있으면 자기 집으로
가져가 죽든지 살든지 철사줄로 가지를 틀어
관상용으로 둔갑시키고 마는 이기적인 습성은
우리의 역사와 고향을 잊어버리게 하는 매우 가슴
아픈 일이 아닐 수 없다.

분홍동백

흰동백 • Camellia Japonica for. albipetala

예로부터 우리나라의 봄은 매화꽃으로 시작된다고 해도 과언은 아닐 것이다. 근자에는 1월 초순이면 으레 제주도의 서귀포 지방으로부터 매화꽃이 피었다는 소식과 더불어 봄 기운이 느껴지게 마련이다.

눈이 오는 데 꽃이 핀다 하여 '설중매(雪中梅)'라 불리는 매화는 내륙지방보다는 훨씬 먼저 제주 지방에 꽃 향기를 퍼뜨린다. 매화 중에서도 아주 이른봄 '설중매'와 같은 시기에 피어나는 매화로 '만첩홍매(Prunus mume s. et z.)'가 있다. 아직 동절기 기운이 있어 눈발이 날리지만 순백색이나 연한 녹색기가 있는 설중매와 더불어 연분홍색 꽃잎이 겹으로 많이 달려 '만첩'이란 이름이 붙은 이 매화는 활짝 핀 꽃에 황색의 꽃밥이 돋보이며, 예부터 뭇 사람들에게 많은 사랑을 받아왔다. 특히 매화는 사군자(四君子)의 하나로 꼭 들어갈 만큼 우리의 정서적인 꽃이 틀림없다.

12월부터 제주를 찾아오는 모든 이들을 반겨 주는 꽃으로 흰색의 '수선화(Narcissus tazetta var. chinensis)'가 있다.

제주 사람들은 이 꽃을 '제주수선'이라 부르기도 한다.

기록에 의하면, 이 '수선'은 오랜 세월 동안 제주의 땅에서 자라왔다고 한다. 그런데 제주의 농사 짓는 농부들은 이 수선화를 캐내는 데 보통 하루해를 다 보내는 일이 허다했기 때문에 한편으로는 사랑받지 못하는 꽃 중의 하나이기도 했다. 이 '수선'은 내륙에서 심는 중국 원산지 수선화와 약간의 차이가 있다. 제주수선은 꽃잎 안쪽에 달린 부화관(副花冠)이 주름이 많이 지고 꽃잎이 가지런하지 않은 것이 일반 수선과 다르다.

만첩홍매 • *Prunus mume s. et z.*

제주수선 • *Narcissus tazetta var. chinensis*

백서향 • Daphne Kiusiana

제주도에는 그다지 알려지지 않은 희귀 식물이 이른봄에 숲 속에서 향기를 뿜어댄다. '백서향(Daphne Kiusiana)'은 제주에서 오랫동안 살고 있는 사람들은 알지만 그 외의 사람에겐 낯선 이름이다. 향기가 무척 많은 꽃으로 3월이면 순백의 꽃이 많이 피며 같은 속(屬)으로 '서향(瑞香)'과 '팥꽃나무'가 있는데 꽃이 피는 시기도 비슷하고 향기도 같으나 꽃의 색깔은 다르다.

누구나 제주 하면 '귤'을 떠올리게 된다. 그러나 귤은 가을이면 이미 수확을 하여 겨울에는 좀처럼 만나기 어려우나 귤나무와 비슷한 '광귤나무(Citrus aurantium var. daidai)'가 있다. 이 광귤은 대개 관상용으로 심어 겨울 동안 감상하는데 겨울을 지나 늦은 봄 초여름까지 황색의 커다란 탐스런 열매를 많이 달고 있다.

내륙지방이나 제주도의 한라산에는 봄 여름 가을까지 많은 식물들이 아름다운 색깔의 꽃을 피우는가 하면, 가는 곳마다 겨울 동안 꽃 못지 않게 아름다운 열매들이 열려 있는 것을 볼 수 있다.

자연에서 같이 살아가는 모든 조류의 먹이가 되기도 하는 이 열매들은 겨울 한라산의 흰눈, 푸른 상록수림과 어우러져 붉고 푸른빛으로 열려 아름다운 장식을 해 놓은 듯 눈길을 끈다. 이들 열매들은 여름과 가을에 피었던 꽃은 보잘것없었어도 열매 만큼은 어느 것보다도 굵고 탐스럽게 열린다.

꽃을 찾아다니다 보면, 꽃 자체가 유난히 아름다운 것에는 독(毒)이 있거나 그 열매를 제대로 맺지 못하는 반면, 꽃은 보잘것없어도 나중에 열매 만큼은 풍성하게 열리는 것을 볼 수 있다.

이러한 류의 식물들은 대체로 남녘에 많이 나는데 그 중에 '송악', 일명(담장나무) '백각오공(百脚蜈蚣)' 이라는 나무가 있다. 그 줄기의 기공(氣莖, 공기뿌리)이 마치 지네의 발 같다 하여 '백각오공'이라 불리는 이 나무의 덩굴은 나무나 바위 등에 기공을 내밀고 타고 올라가며 무성하게 자란다. 전라북도 고창군 선운사 입구의 좌측 바위 절벽에 있는 '송악'이 비교적 오래 된 나무로 알려져 있다. 가을부터 늦은 가을까지 꽃이 피고 겨울 동안에 열매가 열려 봄에 완전히 익는다.

'먼나무(Ilex rotunda)'는 제주도 전역 가로변에 흔히 심어져 겨울에 붉은 열매가 많이 열린다. 흡사 붉은 꽃이 핀 듯 아름답게 보이는 열매는 봄이 되면 새들의 먹이로 모두 없어진다.

풀섶의 진주알 같이 쪽빛을 띠고 윤기가 나며 햇볕을 받으면 반짝이는 열매를 맺는 '맥문아재비(Ophiopogon Jaburan)'는 제주도뿐만 아니라 남부의 해안아구 및 남부지방에서도 자란다. 여름에 피는 꽃은 그다지 눈에 띄지 않으나 겨울에 탐스런 열매가 많이 열린다. 내륙에서 자라는 '맥문아재비'가 있는데, 겨우살이풀인 맥문동을 닮은 데서 나온 이름이다.

'천선과(Ficus erecta)' 역시 남부아구와 남부해안 아구, 제주아구 등에 분포하여 자란다. 겨울에 앙상한 가지에 많은 열매가 달리고 열매에 흰색의 피목(皮目)이 뚜렷하며 무화과를 축소한 모양이다. 비파나무(Eriobtrya japonica)는 일본에서 들어와 과수(果樹)로 심던 것을 관상용으로 심고 있는데

광귤나무 • *Citrus aurantium var. daidai*

역시 남부지방 및 제주도에서 볼 수 있다. 늦가을
누런 털을 듬뿍 뒤집어쓰고 꽃을 피우지만 겨울이
가면서 열매가 탐스럽게 커지고 5월이 되면 열매가
황색으로 익어 먹을 수 있는 일종의 과일 종류이다.
　'묘아자(猫兒刺)'라고 불렸던 '호랑가시나무(Ilex
Cornuta)'는 예부터 성탄절의 카드나 트리 장식에
등장하는 나무로 가죽같은 나뭇잎이 육각이 지고
끝이 날카로운 가시로 변하여 접근이 어려운
나무이다. 이 나무는 남부지방 해안지까지 자생하며
겨울에 푸른 모양이 좋은 나뭇잎과 더불어 붉은
열매를 많이 달고 대개는 꽃꽂이나 장식용으로
쓰여지는 나무이다.

송악(담장나무) 열매

먼나무 • Ilex rotunda 열매

맥문아재비 • Ophiopogon Jaburan 열매

천선과 • Ficus erecta 열매

비파나무 • Eriobtrya japonica 열매

호랑가시나무 • Ilex Cornuta 열매

백량금 • Ardisia Crenata 열매

'진주산(珍珠傘)'이라 불리기도 한
'백량금(百兩金, Ardisia crenata)'은 같은 속(屬)의
'자금우'와 더불어 작은 풀과 같은 나무에 붉은
앵도같은 열매를 많이 달고 겨울을 지내는 남녘의
대표적인 열매이다.

한라산에서 많이 자라는
'굴거리나무(Daphniphyllum macropodum)'는 유난히
잎자루가 붉은색이 돋보이며 겨울에도 가죽같은
푸른 잎을 눈 속에서 유지하고 있어 관상용으로
적합한 나무이다. 이 나무의
북방한계선(北方限界線)은 전라북도 정읍의
내장산이 된다.

제주의 천연보호구역 안에서 흔히 자라는
'담팔수(Elaeocarpus sylvestris var. ellipticus)'는 겨울
동안 커다란 대추알만한 푸른 열매가 열리는데
굴거리나무나 후박나무 열매처럼 새들의 맛있는
먹이가 되고 있다.

이 밖에도 많은 열매들이 같은 시기에 열린다.
특히 제주도에서는 겨울딸기도 자생한다. 겨울에
붉은 열매가 익는데 이 겨울딸기가 다 떨어지고
나면, 열매가 연한 황색으로 익는 장딸기가 2월부터
꽃을 피워 그 향기로 벌과 나비를 유인한다.

굴거리나무 • **Daphniphyllum macropodum 열매**

담팔수 • **Elaeocarpus sylvestris var. ellipticus 열매**

산굼부리 안의 노루귀 • Hepatica asiatica for. acutiloba

산굼부리의 분지 깊이 130미터 안으로 들어가면 한겨울인 1월에도 더위를 느끼게 된다. 이 때문인지 '복수초'와 '노루귀(Hepatica asiatica for. acutiloba)' 등이 이곳 제주도 특히 산굼부리 지역 안에서 훨씬 먼저 피어나고, 2월 초에는 한라산, 3월에 남부아구, 4월에 중부아구 등으로 북상하며 전국적으로 자생한다. 노루귀는 풀잎이 땅에서 나올 때 약간 말아지면서 흰 털이 많이 나 있어 그 모양이 마치 노루의 귀와 닮았다 하여 붙여진 이름으로 이른봄 숲 속에서 귀엽게 피어나는 꽃이다.

일본 열도를 거쳐 제주도 및 남부지방 지리산, 변산반도, 중부아구, 태백산, 대관령, 설악산까지 분포지를 형성하고 있는 바람꽃의 일종인 '변산바람꽃(Franthis plnnaffida)'도 산굼부리 안에서 무리 지어 일찍 피어나며 그 화신(花信)이 2월에 변산, 4월에 대관령, 설악산까지 올라오는 아주 작은 흰색의 꽃이다.

변산바람꽃 • **Franthis pInnaffida**

관중 • **Dryopteris Crassirhizoma**

봄이면 어느 산이나 마찬가지이겠지만 특히 토양이 비옥하고 습기가 풍부하며 수림이 우거진 산에서 볼 수 있는 '관중(Dryopteris Crassirhizoma)'이 한라산의 숲에서 봄을 맞아 힘을 주고 용트림하며 새싹을 틔운다.

'산자고(Tulipa edulis)'는 일명 '까치무릇'이라 불리기도 하는데, 제주도 남부아구, 중부아구의 산과 들에서 자란다. 이들은 양지바른 무덤가 등지에서 이른봄 일찍, 아직도 잔디가 누런 색으로 죽어 있는 그 틈에 흰색의 별같은 꽃을 피워 사람의 눈에 잘 보이지 않는 꽃이며 백합과의 풀로서 약이나 나물로 먹기도 하는 풀이다.

우리나라에서는 많은 종류의 목련이 심어지고 있지만 대개는 원예종으로 외지에서 들어온 것들이다. 우리의 토종 '목련(Magnolia Kobus A.P. DE)'은 4월 제주도의 한라산 기슭에서 순백의 꽃으로 목련(木蓮) 중 가장 아름답게 피어난다.

정원이나 공원 등지에서 흔히 볼 수 있는 흰 꽃의 백목련(白木蓮)과 자줏빛 자목련(紫木蓮)은 원예종인데, 예부터 백목련 꽃이 피면 봄이 온다 하여 '영춘화(迎春花)'라 불렀고, 자목련 꽃이 피면 봄이 멀어지기 시작한다 하여 '망춘화(望春花)'라고 불렀다.

각처에서 분포하는 '각시붓꽃(Iris rossii)'은 4월에 한라산에서 가녀린 꽃을 피우기 시작하여 이내 내륙 전체에 꽃이 핀다. 한라산의 고원지에서 퍼져 자라는 '시로미(Empetrum nigrum var. Japonicum)'는 해발 1,800미터 이상의 고원지에서만 자라며 우리나라에서는 한라산에서나 볼 수 있는, 별로 돋보이지 않는 꽃이다.

산자고 • **Tulipa edulis**

목련 • Magnolia Kobus A. P. DE

시로미 • Empetrum nigrum var. Japonicum

한라산 각시붓꽃 • Iris rossii

또 하나의 회귀 식물로서 한라산 정상 부근에서 자라는 '암매(岩梅)'는 나무로서는 가장 키가 작은 15센티미터도 안되는 작은 나무이다.

'산미나리아재비(Ranunculus paishamensis)'는 한라산, 지리산, 백두산 등 높은 산의 습기 많은 지역에 나며 봄에 가녀린 노란 꽃을 피우는 풀이다.

봄에 숲 속 햇볕이 잘 들지 않는 곳에서 자라는 '자주천남성(Arisaema peninsulae var. atropurpureum)'은 봄에 모양이 특이한 꽃을 피우고 늦은 여름에 들어서면 강냉이(옥수수) 모양의 탐스러운 열매를 맺어 가을에 붉은색으로 익는다. 그러나 천남성 종류는 모두 독성분(毒性分)이 다량 함유되어 유의하여야 할 식물이며 생명력이 대단히 강인하다.

산미나리아재비 • Ranunculus paishamensis

자주천남성 • *Arisaema peninsulae var. atropurpureum*

자주천남성의 열매

술패랭이꽃 • Dianthus superbus var. longicalycinus

'술패랭이꽃(Dianthus superbus var. longicalycinus)'이 피기 시작하는 것을 보고 여름이 거의 가고 서늘한 바람이 불어오는 것을 알게 된다. 이 꽃은 전국적으로 산과 들에 많이 피고 특히 꽃잎이 실같이 갈라져서 '술패랭이'란 이름이 붙게 되었다고 한다.

흔히 한라산 고원지에 철쭉꽃이 많이 핀다고 하지만 이 철쭉꽃 못지 않게 봄에 나뭇잎이 나기 전에 먼저 꽃을 피우는 붉은 진달래로 '털진달래(Rhododendron mucronulatum var. ciliatum)'가 있다. 이 '털진달래'는 다른 진달래 나무보다 그 수형이 아담하고 꽃이 많이 피며 꽃잎 뒤에는 잔털이 많이 나 있다. 전국의 높은 산 높은 곳에서 많이 나며 봄이면 다른 진달래꽃이나 철쭉꽃과 더불어 우리의 봄을 아름답게 꾸며 주는 꽃이다.

한라산의 고원지에서는 모진 비바람과 싸우다 지쳐 고사(枯死)해 잿빛의 뼈만 남은 '구상나무'의 가엾은 모습들을 볼 수 있다. 이 나무들은 비록 죽어 고목이 되었지만 꿋꿋이 쓰러지지 않고 수십 년을 견디는 살아서 수백 년, 죽어서도 수십 년을 견디는 단단한 나무이다.

한라산의 털진달래 • *Rhododendron mucronulatum var. ciliatum*

한라산의 고사목

우리나라의 높고 깊은 산에서 자라는 '조릿대'는
특히 한라산에서 많이 볼 수 있다. 나뭇잎의
흰무늬가 아름다운 것을 '제주조릿대(Sasa
quelpaertensis)'라고 하는데, 이들 조릿대가 많이
자라는 곳에는 다른 식물들은 모두 죽어가 끝내는
조릿대들만이 군락을 차지하는 욕심 많은 사람과
비슷한 성품을 가진 키가 작은 관목성 나무이다.
특히 한라산의 북쪽 계곡 관음사 쪽으로 내려오는
정상 고원지 부근에 이들 '제주조릿대'가 그 넓은
면적을 차지하고 있어 꽃을 찾아 오르는 이들에게는
반가운 손님이 아니다. 이 조릿대는 번식률이
대단히 왕성하여, 한라산의 자연환경 및 생태적인
면의 우려는 산에 오르는 등산객들보다도 바로 이
'제주조릿대'를 의심해야 할 것이다. 이대로 간다면
머지 않아 한라산 고원지를 모두 덮고 또한
고원지에 나는 희귀 고산식물들의 존폐마저 위기에
처할 것으로 보인다. 이들 조릿대는 대단한 번식
속도로 주변의 땅을 점령하여 들어오고 있고, 이
조릿대가 있는 곳은 뱀마저도 살 수 없다고 하는
그런 삭막한 산으로 변할까 심히 염려되기도 한다.
초여름 한라산 고원지를 오를 때면 파란 새싹
사이에 순백의 꽃과 노란색의 작은 꽃들이 마치
녹색의 옷감에 점점이 수놓은 꽃무늬처럼
아름답기만한 정경이 펼쳐진다. 봄에 태어난 아기

노루가 뛰어놀고 있는 이곳의 고원은 잘
보존되어야 한다는 모두의 한결같은 마음이다.

제주조릿대 • *Sasa quelpaertensis*

지리산(智異山)

잔설이 있는 지리산

지리산은 사계절마다 그 옷을 달리 갈아입는 아름다운 산으로 항상 많은 등산객들이 이곳의 산을 오른다. 근자에는 자동차까지 해발 1천미터가 넘는 노고단의 성삼재까지 올라와 관광철이면 온통 산이 대단위 주차장을 방불케 한다. 이른봄 들녘의 보리밭이 푸른빛을 띄우기 시작하는 3월이면 지리산의 높은 곳은 눈과 얼음으로 덮이거나 때로는 설화(雪花)가 만발하여 장관을 이룬다.

우리나라 남부아구의 전라남도 구례군과 전라북도 남원군, 경상남도 산청군에 걸쳐 광범위하게 자리한 남녘의 지붕격인 지리산(智異山)은 해발 1,915미터의 가장 높은 봉우리 천왕봉(天王峰)과 해발 1,751미터인 반야봉(半夜峯)을 중심으로 사방으로 깊은 골짜기를 이루고 울창한 원시림의 밀림을 이루는 산이다.

지리산은 사계절마다 그 옷을 달리 갈아입는 아름다운 산으로 항상 많은 등산객들이 이곳의 산을 오른다. 근자에는 자동차까지 해발 1천미터가 넘는 노고단의 성삼재까지 올라와 관광철이면 온통 산이 대단위 주차장을 방불케 한다. 이른봄 들녘의 보리밭이 푸른빛을 띠기 시작하는 3월이면 지리산의 높은 곳은 눈과 얼음으로 덮이거나 때로는 설화(雪花)가 만발하여 장관을 이룬다.

산기슭 밑으로 '생강나무'와 '히어리' 등이 잿빛 나뭇가지 사이로 노오란 꽃망울을 터뜨릴 즈음 밑의 낮은 지대, 곧 전라남도 구례군 산동면과 전라북도 남원군 산내면 등 지리산의 깊은 골짜기 마을에는 이색적인 풍경이 나타난다. 드높은 지리산 영봉 위에는 흰색의 눈꽃이 덮이고 그 밑은 회색의 앙상한 나뭇가지와 더불어 더욱 낮은 곳 마을 주변은 온통 노란 꽃으로 뒤덮이고 간간이 살구꽃과

구례군 산동면 산수유 군락

매화꽃이 섞여서 푸른 대나무숲과 보리밭 등과
어우러져 한 폭의 그림이 된다.

　지리산 지역에서는 예부터
'산수유(山茱萸, Cornus officinalis)'가 가장 많이 자라
이 나무의 열매가 실제 '산수유'라는 약재(藥材)로
쓰이고 있다. '산수유'는 이곳 산동면(山東面)과
산내면(山內面) 외에도 경기도 광주(廣州)와
이천(利川) 등지, 경상북도 봉화(奉化) 지방 등에서
많이 나는 것으로 기록되는데, 큰 산수유나무 세
그루만 있으면 옛날에는 자식을 대학까지 보낼 수
있어 일명 '대학나무'라 불리기도 할 만큼 수익성이
대단히 높았던 나무이다. 봄이면 노란 꽃을 많이
피우고 또한 꿀벌이 많이 찾아와 양봉에도 도움되며
가을이면 나뭇잎이 아름답게 단풍 들고 붉은 열매가
많이 달려 간혹 정원의 관상수로 심기도 한다.

　광활한 지리산 줄기는 끝이 안보이고, 봄의
아지랑이와 더불어 산너머 또 산이 겹겹이 싸인
능선만 이어지는 웅장한 산기슭에 가녀리게 피는 꽃
'히어리(Corylopsis Coreana)'는 예전에는
'조선납판화(朝鮮蠟瓣花)'라 불리기도 했으며 이른봄
지리산의 낮은 곳 산기슭에서 흔히 볼 수 있다.

산수유 • **Cornus officinalis**

히어리 • **Corylopsis Coreana**

흰털괭이눈 • **Chrysosplenium barbatum**

할미꽃 • **Pulsatilla cerrma var. koreana**

'흰털괭이눈(Chrysosplenium barbatum)'은
산골짜기와 도랑가 부근에서 흔히 자란다. 괭이눈과
비슷하지만 줄기에 흰 털이 길게 난 것이
다르고, 이들 '괭이눈'은 꽃이 지고 6월에 열매가
열리면 열매의 모양이 고양이가 햇볕에 앉아서 눈을
지그시 감은 모양 같다 하여 '괭이눈'이란 이름을
가지게 되었다 한다.

늙어서도 할미꽃, 젊어서도 할미꽃이라 누구든지
그 이름 석자만 들어도 친숙하게 느껴지는
'할미꽃(Pulsatilla cerrma var. koreana)'. 근자에는
모두 자연환경의 오염과 개발에 밀려, 길가나
무덤에서 흔히 볼 수 있었던 이 할미꽃도 이러한
지리산 골짜기 깊은 데서나 간간이 만날 수 있으니,
매우 안타까운 일이다.

3월에서 4월, 지리산 남쪽 들녘에는 또 하나의
푸른 옷감을 펼치고 연분홍색 꽃무늬를 그린 듯한
정겨운 풍경을 볼 수 있다. 예전에는 외지에서
들어와 중부지방에까지 심어온, 퇴비로 쓰이던
작물이지만 지금은 이곳 지리산 지역 들녘에서나 볼

수 있고, 남녘으로 충무·거제도까지 논에 많이 심어
봄에 매우 아름답게 보이는 '자운영(紫雲英,
Astragalus sinicus)'은 따뜻한 곳에서는 겨울에도
죽지 않고 이른봄에 자라나며 많은 꽃을 피운다.
모내기 철이 되면 이내 농부의 논갈이 흙더미에
묻혀 논바닥을 기름진 옥토로 만들어 주는 좋은
식물이다. 신록이 우거질 무렵이면 심산 지역에서
볼 수 있는 '큰꽃으아리(Clematis patens)'가 접시만한
큰 꽃을 활짝 피고 있어 모름지기 산에서 피는
야생화답지 않게 화려하다. 산에 피는 꽃 중에서는
큰 꽃에 속하며 황색이 도는 흰색 꽃과 자주색 꽃
등 두 가지 색깔의 꽃이 핀다.

또한 산에는 '애기나리', '산나리', '개나리'라
불리는 백합과의 풀 종류 꽃들이 피어나기
시작한다. 옛날에는 산에 피는 나리 종류를 몰라서
모두 '산나리'나 '개나리'라 부르던 시절도 있었다.
'큰애기나리(Disporum Viridescens)'는 봄에
산나물을 뜯는 아낙네들에게 수난을 자주 당하는 맛
좋은 산나물이지만, 요행히 이 수난을 피하면 5월에

지리산 들녘의 자운영 • Astragalus sinicus 군락

큰꽃으아리 • **Clematis patens**

큰애기나리 • **Disporum Viridescens**

윤판나물 • **Disporum sessile**

가녀린 흰 꽃을 피우고 가을에 검은색 열매를 맺는다. 같은 속(屬)의 나물로 같은 곳에 자라는 '윤판나물(Disporum sessile)'은 꽃이 유난히 부끄러움을 타는지 고개를 숙인 채 꽃을 피우며 좀처럼 꽃의 수술이나 암술을 사람에게 보여 주려 하지 않는 꽃이다.

봄이 되면서 산 낮은 곳이나 높은 데 넓은 초원지만 있으면 흰 털을 뿌옇게 뒤집어쓰고 노란 국화 같은 꽃을 피워대는 '솜방망이(Senecio integrifolius var. spathulatus)'도 봄꽃으로 한몫 끼어드는데 어린 잎은 나물로 먹기도 한다.

여름의 지리산 정상은 야영과 더불어 이른 아침 동쪽의 하늘에서 떠오르는 일출(日出)이 또 하나의 볼거리이다. 대개는 이 일출을 보려고 야영을 하지만 자연은 그 뜻대로 이루어 주지 않는다.

봄부터 여름에 이르기까지 지리산 및 각 지방의 깊은 산 높은 곳 숲 속에서 새색시같이 수줍은 듯이 피어나는 '큰앵초(Primula Jesoana)'는 아름다운 풀잎과 더불어 홍자색의 작은 꽃을 피우고 숲 속에 숨어 있다.

이들 큰앵초와 같이 숨어서 요염한 자태로 꽃을 피우는 야생난초 '복주머니꽃(Cypripedium thunbergii)'은 향기대신 둥근 주머니 속에서 누린내가 난다 하여 '개불알꽃', '소오줌통'이라 불리는 난초이다. 꽃이 크고 화려하며 또한 암을 치료한다는 헛소문 때문에 심산 숲 속에 피어나는 이 꽃이 수난을 당하여 지금은 그 수가 현저하게 줄었다. 그러나 암을 치유하는 성분도 들어 있지 않으며 그저 산 속에 자라는 아름다운 난초일 뿐이다.

지리산의 가을은 쓸쓸함보다는 근엄함이 느껴진다. 이 거대한 산 숲 속에는 온갖 열매가 열려 겨울 동안 산새들의 먹이가 되기도 하고 오미자(五味子), 다래, 머루 등도 많다.

산골짜기의 작은 계단식 논은 다른 곳보다 훨씬 빨리 벼가 익으며, 이들 볏단 너머로 보이는 지리산은 겨울을 맞을 준비에 낙엽으로 포근히 덮여 간다.

솜방망이 • Senecio integrifolius var. spathulatus

큰앵초 • **Primula Jesoana**

복주머니꽃 • **Cypripedium thunbergii**

늦은 가을에, 모양이 투구같다 하여 이름 지어진 '투구꽃(Aconitum Jaluense)'은 다른 나뭇잎이나 풀잎이 누렇게 단풍이 들어갈 무렵까지 자주색 꽃을 달고 서 있다.

지리산에 눈이 내리고 설화가 피기 시작하면 그때부터 활동하는 식물이 있다. '겨우살이(Viscum album var. Coloratum)'라 불리는 이 식물은 다른 식물에 붙어 그 나무의 영양분을 훔쳐 먹고 자라기 때문에 기생식물이라고도 하는데 우리나라에는 '참나무겨우살이', '뽕나무겨우살이', '동백나무겨우살이' 등이 있다. 대개는 굴참나무 등의 가지에 철새의 둥지 모양으로 둥근 형태를 이루는데 여름에 나뭇잎이 무성할 때에는 휴면하고 가을 낙엽이 떨어지고 태양빛을 받으면서부터 성장하여 '겨우살이'라는 이름을 가지게 되었다고 한다. 이 '겨우살이'는 1월경부터 하나의 가지에서는 마디가 잘려나간 듯한 모양의 꽃이 피고, 또 한 가지에서는 앵두알만한 연한 황색의 열매가 많이 열린다. 모든 생물이 그렇듯이 식물들도 모든

겨우살이 • Viscum album var. Coloratum 꽃과 열매

투구꽃 • Aconitum Jaluense

지혜를 동원하여 종족을 하나라도 더 번식시키려 안간힘을 쓴다. '겨우살이'의 경우도 마찬가지이다. '겨우살이'는 열매 속에 철새들이 좋아하는 맛있는 과육(果肉)과 더불어 그 속에 씨를 많이 섞어서 과육이 매우 끈끈하도록 만들어 겨울에 철새들의 먹이가 풍부하지 못한 때를 이용하여 많은 열매를 노출시킨다. 새들은 배고픈 김에 이 열매를 많이 따서 깨물어 먹으며 그 끈끈한 과육과 씨가 입 가장자리에 달라붙어 좀처럼 떨어지지 않게 되어 있다. 이때 새는 배를 채우고 근처의 다른 나무, 특히 굴참나무(껍질이 스폰지 같은 것) 껍질에 주둥이를 대고 부비게 된다. 부비면 입가에 붙은 과육과 씨가 굴참나무 껍질에 달라붙어 이내 봄이면 이들 씨에서 또 하나의 겨우살이가 태어나 참나무 가지에 뿌리를 내리고 영양분을 섭취하며 자라가는 아주 지혜로운 번식 수단을 쓰는 식물이다.

이처럼 지리산 곳곳에서는 말 못하는 식물들이 단 한 그루라도 더 번식하려고 애를 쓰고 있는데 사람들은 이를 외면하고 있다. 이미 오래 전부터

구례에서 성삼재를 통과하여 산내면과 남원읍까지 산허리가 잘려져 아스팔트 포장이 되었다. 그 아름답고 근엄한 큰 산의 허리를 잘라 놓고 너나 할 것 없이 차를 타고 높은 봉우리로 인산인해(人山人海)를 이루고 있으니 지리산을 아끼는 자연인의 한 사람으로서 심히 우울한 일이 아닐 수 없다.

쌍계사에서 넘어 오는 벽소령 고개도 이와 마찬가지로 관광객을 위한 도로를 만들고 포장한다 하니 지리산을 세 토막, 네 토막으로 잘라 놓고 앞으로 어떻게 관광객을 오라 할 것인가. 모든 생태적인 것들이 살아서 움직일 때 사람도 모여들지, 죽어가고 썩어가는 골짜기나 보기 위해 가지는 않을 것이다. 보다 긴 안목으로, 후손에게 재물보다 한 모금의 오염되지 않은 물을 먹게 해주려 한다면 지금도 늦지는 않았다고 본다.

성삼재를 넘으면서 자동차의 바퀴에 무참히 깔려 죽은 청솔모다람쥐의 죽음이 많은 것을 시사해 준다.

한라에서 백두대간을 따라

태백산(太白山)

태백 준령의 골짜기

외진 산골짜기에는 길고 긴 한강물의 발원지답게 맑은 물줄기가 구비구비 흐르고 냇가의 언덕에는 갖가지 야생화들이 피어나며 봄의 신록과 더불어 화사하게 핀 한 포기 '민들레(Taraxacum mongolicum)'꽃은 인간들을 비웃기라도 하듯이 정겹게 노란 꽃망울을 터뜨린다.

강원도 최남단에 위치한 태백산(太白山, 해발 1,567미터)은 주변에 함백산(咸白山, 해발 1,573미터), 백운산(白雲山, 해발 1,426미터), 대덕산(大德山, 해발 1,307미터), 응봉산(鷹峰山, 해발 1,267미터), 금산(錦山, 해발 1,245미터) 등 대개 해발 1천미터의 준봉들로 이어지는, 골짜기에도 넓은 땅이 없는 우리나라 최대의 탄광지대이기도 하다. 남서쪽으로 소백산(小白山, 해발 1,439미터)이 능선으로 이어지기도 하는 태백산맥의 주 능선이 끝나는 지점으로, 남쪽으로는 경상북도 봉화군의 깊은 산골짜기로 계속 이어진다.

예부터 성산(聖山)이라 일컬어져 온 태백산의 깊고 근엄한 산 속 깊은 곳에는 전국에서 모여드는 크고 작은 무당들의 굿하는 소리가 끊이지 않는다. 뿐만 아니라 이들이 켜놓은 촛불이 바위를 시커멓게 그을리고 여기저기 버려진 제물들이 눈살을 찌푸리게 한다. 봄이 되면서 이러한 현상은 더 두드러져 산 계곡 골짜기마다 북새통을 이루는데 가장 심한 곳은 '당골'이라 하는 곳이다. 이때쯤의 태백산은 마치 이들 굿을 하는 사람들을 위해 서 있는 것 같다는 착각이 들 정도이다.

그러나 이렇듯 추한 인간들의 모습도 아랑곳하지 않고 태백산에는 봄이면 갖가지 희귀한 아름다운 꽃이 피고, 여름·가을에도 여전한 아름다움을 보여주는 산이기도 하다.

이러한 일들이 벌어지지 않는 외진 산골짜기에는 길고 긴 한강물의 발원지답게 맑은 물줄기가 구비구비 흐르고 냇가의 언덕에는 갖가지 야생화들이 피어나며 봄의 신록과 더불어 화사하게 핀 한 포기 '민들레(Taraxacum mongolicum)'꽃은 인간들을 비웃기라도 하는 듯이 정겹게 노란 꽃망울을 터뜨린다.

태백산맥 골짜기의 민들레

얼레지 군락

마음을 사로잡는다. 이 분홍색 꽃은 바로 우리나라 남쪽의 남해 금산 그리고 거제도 남쪽의 가라산에서부터 꽃이 피기 시작하여 그 꽃 물결이 북상하면서 각 곳의 심산 지역 높은 봉우리에서 자라다가 이곳 태백산에서는 4월 하순께 많은 꽃을 피우는 '얼레지(Erythronium Japonicum)'꽃이다. 꽃의 모양이 더없는 관상초 같으며, 해가 떠오르면 연분홍빛 다섯 개의 꽃잎을 활짝 열어 뒤로 날렵하게 받으며 날이 어둡거나 비가 오면 오므라든다. 꽃잎 안쪽에는 짙은 색의 아름다운 무늬가 있다.

이 '얼레지'는 뿌리가 땅속 깊이 들어가는 것이 특징인데 예전에는 이 풀의 뿌리를 캐어 녹말의 원료로도 썼다. 최근에는 꽃이 필 때 꽃과 잎을 채취하여 얼레지나물로 먹는다. 두 개의 풀잎에는 희미한 무늬가 나 있다. 이들 분홍색 꽃들 사이에 간혹 꽃의 색깔이 백색으로 피는 희귀종의 '흰얼레지(Erythronium Japonicum for. albifcorum)'가 발견되지만 이들도 누구의 손에 의해서인지 뽑혀져

4월의 봄 산 정상 부근의 자연림 속에 들어서면 이곳이 태백산인지 천국의 화원(花園)인지 잿빛 나뭇가지였던 숲 속은 온통 분홍색 꽃으로 뒤덮여 발길을 어느 곳에 떼어 놓아야 할 지 모를 만큼

흰얼레지 • Erythronium Japonicum for. albifcorum

버려 지금은 찾아보기 어려운 꽃이 되었다. 이 '흰얼레지'는 나물로 먹지 못한다고 한다.

태백산에서 처음 발견되었다는 꽃 '태백제비꽃(Viola albida)'이 순백의 꽃을 피우고 숲 속에 숨어 있는가 하면, '제비꽃(Viola mandshurica)', '단풍잎제비꽃(Viola dissecta var. takahashii), '알록제비꽃(Viola Variegata)' 등 아름다운 제비꽃 종류가 같이 꽃을 피운다.

꽃 모양이 시집갈 때 새색시가 머리에 쓰는 족도리와 같다 하여 이름 붙여진 '족도리풀(Asarum sieboldii)'은 높은 골짜기의 잔설이 남아 있는 그 속에서 눈과 얼음을 뚫고 작은 꽃을 피워 애처롭게 보이기도 한다.

양지바른 산기슭에 높이 10센티미터도 채 안되는 '큰구슬봉이(Gentiana Zollingeri)'가 옹기종기 모여 가랑잎을 쳐든 꽃으로 방긋 웃고 있지만 꽃이 너무 작아 잘 보이지 않는 탓에 등산객의 험한 등산화 발길에 무참히 짓밟히는 수난을 자주 당하는 꽃 중의 하나이다.

낮은 곳의 양지바른 언덕에서 이른봄에 피어나는 가녀린 풀 '댓잎현호색(Corydalis turtschaninovii var. linearis)'은 풀 모양이 댓잎과 닮은 데서 얻어진 이름이라고 한다.

일찍 피는 꽃들이 모두 피었다 시들 무렵이면 땅속 여기저기에서 괴상한 모양의 새순들이 나오기 시작한다. 그 가운데 그 모양이 꼭 우산을 받쳐든 모양 같다 하여 이름 붙여진 '우산나물(Syneilesis palmata)'이 흰 털을 듬뿍 뒤집어쓰고 여기저기 나 있는 모습은 흡사 여름 비가 온 뒤에 버섯이 많이 돋아난 듯한 모양이다.

위쪽 깊은 숲 속 그늘에서 잎이 가지런한 풀들이 많이 나와 가녀린 꽃이 피는 '나도옥잠화(Clintonia udensis)'는 작은 꽃을 많이 피운다.

태백제비꽃 • Viola albida

제비꽃 • Viola mandshurica

단풍잎제비꽃 • Viola dissecta var. takahashii

알록제비꽃 • Viola Variegata

족도리풀 • *Asarum sieboldii*

댓잎현호색 • *Corydalis turtschaninovii var. linearis*

큰구슬봉이 • *Gentiana Zollingeri*

우산나물 • *Syneilesis palmata*

나도옥잠화 • Clintonia udensis

은방울꽃 • *Convallaria keiskei*

5월이 되면 전국 각 곳의 산에서 귀여운 흰 꽃들이 많이 피어난다. 꽃의 모양이 어린이의 옷 등에 채워 주는 은방울 모양과 같다 하여 이름붙인 '은방울꽃(Convallaria keiskei)'은 오월을 대표한다 하여 '오월화(五月花)', 향기가 좋다 하여 '향수화(香水花)'라 불리기도 하며, 일본에서는 '영란(領蘭)'이라 불리는 꽃이다. 넓은 풀잎 뒤에 작은 꽃을 숨기고 피어나는 이들은 대개 산 능선 부근 바람이 사방으로 잘 통하는 곳에서 모여 자란다. 태백의 준령 임계령(林鷄嶺)의 높은 곳에서 풀잎에 흰 무늬가 있는 변이된 은방울꽃이 발견된 적도 있다.

변이된 은방울꽃

희귀 식물로서 한정된 곳에서만 나는 작은
붓꽃이며 흰 바탕에 노랑색의 무늬가 있다 하여 이름
붙여진 '노랑무늬붓꽃(Iris odaesanensis)'은 처음
오대산에서 발견된 꽃으로 우리나라 오대산, 소백산,
태백산에서나 볼 수 있는 아름다운 희귀 식물의
하나이다. 봄이면 산과 들, 골짜기, 습기 있는
곳이나 초원 등지에서 둥근 꽃봉오리를 달고 온갖
벌과 나비들을 끌어모으는 꽃 '쥐오줌풀(Valeriana
fauriei)'은 옛날에는 길초(吉草)라 하였고, 강원
산간에서는 은대가리나물'이라 불리기도 하는 봄
나물의 일종으로 봄 산에서 쉽게 찾아 볼 수 있는
꽃 가운데 하나이다.

태백 준령의 깊은 골짜기에 맑은 물이 구비쳐
흘러 은색의 작은 백사장을 만들고, 병풍처럼
둘러싸인 높고 낮은 봉우리들이 짙은 녹색으로
우거져 갈 때면 작은 꽃들은 열매를 맺고, 자주
쏟아지는 여름비에 태백산의 모든 지저분한 것들이
빗물에 씻겨 '아리랑'의 고장 정선의 구비 따라 넓은
바다로 흘러간다. 이때쯤 산 숲 속 그늘 속에서 열매
모양으로 매달려 꽃을 피우고 겨울 추위에도 풀잎이
죽지 않고 살아 있는 상록성 초본류
'노루발풀(Pyrola Japonica)'이 태백산의 더러움을
보지 않으려는 듯 고개를 떨군 채 꽃을 피운다.

태백산은 일년 내내 무당의 굿과 아름다운
야생화들이 섞이어 얼룩진 아름다움을 간직한 채 또
한번의 사계절을 보낸다.

쥐오줌풀 • Valeriana fauriei

노랑무늬붓꽃 • Iris odaesanensis

노루발풀 • Pyrola Japonica

한라에서 백두대간을 따라

오대산(五臺山)과 대관령(大關嶺)

오대산의 단풍

가을로 접어들면 여러 가지의 낙엽활엽수림으로 이루어진 오대산 기슭은 고운 단풍으로 불타오르다가 곧 낙엽이 되어 떨어지고 대관령의 많은 적설량과 더불어 횡계 지방의 하천에서는 차고 맑은 물을 이용한 황태 담그기가 시작되고 대관령 고원지 겨울 찬바람을 이용하여 황태를 만드는 명태덕장을 볼 수 있다.

오대산(五臺山, 해발 1,563미터)은 두로봉(頭老峰, 해발 1,422미터), 노인봉(老人峰, 해발 1,388미터) 등 5개의 큰 봉우리가 둥글게 모여 앉은 듯한 우리나라 태백산맥 중심부에 위치한 큰 산 중의 하나이다.

남쪽으로 대관령, 임계령, 백봉령, 태백산 등 큰 봉우리의 능선이 구름 속에 늘 가려져 길게 뻗은 큰 산맥이 있고, 남서쪽으로는 해발 1,577미터의 큰 계방산과 운두령(雲頭嶺)이 늘 구름 속에 가려져 있다. 운두령은 정상이 늘 구름에 가려지는 데서 이름이 붙여졌다고 한다. 위 북쪽은 구룡령, 점봉산, 한계령, 대청봉, 미시령, 진부령, 향로봉, 금강산으로 길게 이어지고 동쪽은 끝없는 수평선이 펼쳐지는 동해 바다의 푸른 파도만 보이는 곳이다.

명산으로 잘 알려진 오대산은 산 아래에는 고찰 월정사와 상원사가 자리하여 항상 많은 사람들이 이 산을 찾는다.

우리나라 동쪽의 큰 산맥, 국토의 지붕으로 일컬어지는 태백산맥은 인체에 비유한다면 등뼈에 해당하는 부분이다. 그러나 이들 산맥은 지금 몸살을 앓고 있다. 기존의 도로는 넓히지도 않고, 가장 수려하고 좋은 명산의 허리 또는 중심부가 잘려 나가 붉은 흙을 드러내고 흉물스런 아스팔트 위에 많은 차량들이 시커먼 매연을 뿜어내며 꼬리에 꼬리를 물고 항상 쉴 사이 없이 이어진다.

이 도로는 남쪽의 태백산맥이 끝나는 데서부터
시작하여 예전부터 자연히 산 계곡을 따라 생긴
도로와 억지로 산을 잘라 만든 도로가 자그마치
9개나 되는데, 태백산의 등줄기가 도마 위의 무우
토막처럼 잘려져 버린 셈이다.

이 9개의 도로는 1. 도계→삼척, 2. 종계→동해시,
3. 임계→강릉(백봉령), 4. 평창→강릉 대관령,
5. 병내리→주문진(진고개), 6. 명계리→양양 구룡령,
7. 인제→양양(한계령), 8. 용대리→속초(미시령),
9. 용대리→속초(진부령) 구간의 도로들이다.

사람들은 이 중요한 산맥을 기회만 있으면
지방자치의 발전을 앞세워 마구 잘라 내려 한다.
월정사에서 상원사→북대사→명계리를 잇는 작은
비포장 도로도 앞으로는 포장 도로로 만들어 수려한
오대산의 심장부까지 이어진다고 하니 지극히
염려되는 일이 아닐 수 없다.

강원도 홍천군 내면은 원래 자연상태가 그대로
유지되어 있고 이곳에서 구룡령(九龍嶺, 해발
1,160미터)을 넘어 갈천리 점봉산에 이르기까지는
우리나라에서 단 이곳밖에 없는 자연이 그대로
보존되어 와 원시림이 꽉 들어차 있다. 더구나
인가도 많지 않고 깊은 골짜기로 이어져 밀림
속에서 내려오는 물이 천연사이다를 방불케 하는
좋은 곳이다. 이 때문에 홍천 내면의 각 하천은 희귀
어종인 열목어 등의 서식처가 되기도 한다.

골짜기에 얼음이 녹으면서 오대산의 신록이 점점
연한 푸른색의 옷으로 갈아입기 시작할 때
땅바닥에서는 작은 풀들이 노란색, 흰색, 연분홍색
등의 갖가지 꽃을 피워 산을 찾는 이들을 반갑게
맞이한다. 오대산의 높은 숲 속에서 하루하루가
다르게 푸른 잎이 커지고 우거지기 시작할 때 모양
좋게 손을 내미는 듯 '관중(Dryopteris
crassirhizoma)'이 기지개를 펴고 숲 속을 차지한다.

오대산의 야생화 군락

관중 • Dryopteris crassirhizoma

단정한 노랑저고리를 차려 입은 듯한
'노랑제비꽃(Viola xanthopetala)'이 옹기종기 숲 속에
모여 피고, 희귀 식물로서 한계령에서 발견되었다
하여 이름 지어진 '한계령풀(Leontice
microrhyncha)'이 한계령, 점봉산, 구룡령, 대관령,
태백산까지 분포하는데 주로 구룡령에서
집중적으로 많이 자란다.

오래 묵은 산 속의 암자 지붕 기왓장 위에
뿌리내리고 자라며 여름에 비가 오지 않아도 자체에
수분을 많이 축적했다가 조금씩 나누어 오랫동안 그
생명을 유지할 줄 아는 지혜로운 풀 '기린초(Sedum
Komtschaticum)'가 쓰러져 가는 지붕에서 안간힘을
쓰며 노란 꽃을 피운다.

한계령풀 ● Leontice microrhyncha

노랑제비꽃 ● Viola xanthopetala

기린초 • Sedum Komtschaticum

오대산에는 또 하나의 희귀 식물로 오대산이나 울릉도의 성인봉에서만 자라는 백합과의 '산마늘(Allium victorialis var. platyphyllum)'이 있다. 산에서 자라는 마늘이라 하여 이름 지어진 이 식물은 오대산 깊은 곳에서 자라지만 일부 몰지각한 사람들에 의해 지금은 거의 멸종 상태에 이르고 있다. 금강산에서 발견되었다 하여 이름 붙여진 희귀 식물 '금강애기나리(Disporum ovale)'는 금강산에서 휴전선을 넘어 남하하여 그 분포지를 중부아구, 남부아구까지 넓히고 작은 꽃을 피운다.

오월을 대표하는 또 하나의 꽃 '붓꽃(Iris nertschinskia)'은 전국 각 곳에서 늦은 봄과 초여름에 흔히 볼 수 있는 아름다운 꽃 중의 하나이다.

'중나리(Lilium leichtlnii var. tigrinum)'는 야생 백합 중에서도 꽃이 화려한 편으로 풀의 높이도 적당하고 여름 산에서 꽃잎에 호랑무늬를 하고 커다란 꽃밥을 달랑거리며 꽃을 피우는 식물로서 특히 대관령 지역의 넓은 초원지에서 많이 난다.

오대산 신선계곡에 운해가 덮이고 울창한 숲이 검은 녹색으로 변하면 따가운 태양이 내려쪼이는 여름임을 알 수 있다. 넓게 트인 대관령의 고원지 초원(高原地 草原)에는 소떼들이 한가로이 풀을 뜯어 한 폭의 그림을 연상시키게 한다.

신선계곡의 깊은 골짜기 입구에는 이색 풍경도 볼 수 있다. 심마니들이 산삼(山蔘)을 발견하게 해달라고 산신제(山神祭)를 올리는 돌을 쌓아 만든 제단에 촛불과 음식물이 그대로 놓여 있다. 여름이 한창일 무렵이면 산간 고냉지 채소밭에서는 늙은 아낙과 지아비가 쟁기를 붙들고 배추밭을 매는 모습도 눈에 띈다. 여기도 역시 일할 만한 젊은 사람들이 없음을 실감케 한다.

가을로 접어들면 여러 가지의 낙엽활엽수림으로 이루어진 오대산 기슭은 고운 단풍으로 불타오르다가 곧 낙엽이 되어 떨어지고, 다른 곳에 비해 훨씬 많은 적설량을 이루는 산 깊숙히 자리한 상원사에도 고요함이 깃든다. 시끌벅적했던 오대산이 이제야 조용히 눈 속에 파묻혀 동면에 들어가는 것이다.

대관령의 많은 적설량과 더불어 횡계 지방의 하천에서는 차고 맑은 물을 이용한 황태 담그기가 시작되고 대관령 고원지 겨울 찬바람을 이용하여 맛좋은 명태를 만드는 많은 명태덕장을 볼 수 있다.

산마늘 • Allium victorialis var. platyphyllum

산마늘 꽃

금강애기나리 • *Disporum ovale*

중나리 • *Lilium leichtlnii var. tigrinum*

붓꽃 • Iris nertschinskia

오대산의 운무

대관령 황태 덕장

대관령의 여름

설악산(雪嶽山)과 한계령(寒溪嶺)

한계령의 여름

속초시의 설악동과 양양의 오색, 인제군의 백담사 계곡 등에는 항상 많은 인파가 모여든다. 봄, 여름, 가을, 겨울의 경관이 빼어나 제2의 금강산이라 흔히 불리는 설악산의 가을 단풍은 그 어디에도 비할 바가 안된다. 한계령과 미시령 등 두 곳에 큰 도로로 뚫려 많은 차량들이 올라갈 수 있으나 이렇게 길이 나면 생태적인 것이 두절될 수 있다.

예로부터 국립공원 설악산(雪嶽山)은 해발 1,707미터의 대청봉(大靑峰)을 중심으로 화채봉(華彩峰), 중청(中靑), 소청(小靑), 귀때기청봉, 청봉(靑峰) 1,577미터, 집선봉(集仙峰), 노적봉(露積峰), 칠형제봉(七兄弟峰), 칠성봉(七星峰), 나한봉(羅漢峰), 세존봉(世尊峰), 황철봉(黃鐵峰), 관모봉(冠帽峰), 한계령(寒溪嶺) 1,003미터 등 사방으로 많은 산봉우리와 연결되어 그 산세가 대단히 넓어 외설악(外雪嶽), 내설악(內雪嶽), 남설악(南雪嶽)으로 나뉘고 강원도 속초시와 양양군 서면, 인제군 등 1개의 시와 2개의 군에 걸쳐 이루어져 있다.

속초시의 설악동과 양양의 오색, 인제군의 백담사 계곡 등에는 항상 많은 인파가 모여든다. 봄, 여름, 가을, 겨울의 경관이 빼어나 제2의 금강산이라 흔히 불리는 설악산의 가을 단풍은 그 어디에도 비할 바가 안된다.

설악산은 한계령과 미시령 등 두 곳이 큰 도로로 뚫려 많은 차량들이 해발 1천미터까지 올라갈 수 있다. 그러나 이러한 주요 지역에 길이 나고 밤낮으로 자동차가 꼬리를 물고 다니게 되면 크게 염려되는 부분은 생태적인 것들이 두절되어 그 테두리 안에 꼭 갇히게 된다는 것이다.

한계령 휴게소에서 본 설악산의 가을

씨앗이야 바람에 날려 길을 건너서도 분포할 수 있다지만 그 밖의 야생 동물 등은 큰 타격을 받기 일쑤이다. 한계령에 눈이 녹아내리고 봄 기운이 돌면 내설악의 울산바위도 더욱 선명하게 떠오른다. 한계령의 깊숙한 골짜기 외진 곳에는 아직 알려지지 않은 작은 폭포로 '음폭(陰瀑)'이라는 폭포가 있다. 그 모양이 절묘하게 생긴 것이 대단히 깊은 골짜기에서 깊은 곳을 닮은 꼴을 하고 꼭꼭 숨어 있어 여인들이 그 곳에 가면 안된다는 익살스런

이야기도 전해진다. 자연이 빚어낸 또 하나의 오묘한 모양이 아닐 수 없다. 설악산에는 이 밖에도 스님의 형상이나 어린이 모양, 짐승 모양 등 갖가지의 형상을 한 바위가 특히 많은 산이기도 하다.

가을 설악산의 울산바위 전경

한계령 음폭(陰瀑)

솜다리 • *Leontopodium Coreanum*

　이러한 높은 산의 바위 절벽 난간에 가녀리게 피어나는 작은 꽃, 소녀들의 사랑을 받고 있는 일명 '에델바이스'라고 하는 '솜다리(Leontopodium Coreanum)'가 있다. 소녀들의 인기를 차지하는 것을 틈타 마구잡이 채집으로 표본을 하여 상품으로 판매하는 상혼 때문에 지금은 사람의 발길이 좀처럼 어려운 높은 바위 난간에 숨어서 애처롭게 피어난다. 설악산에는 '솜다리',

'연잎꿩의다리', '금강봄맞이꽃', '금강초롱', '금강애기나리' 등 희귀 특산식물인 우리 고유식물이 많이 분포하고 있지만 인간의 검은손에 의해 많은 위협을 받고 있다.

　더구나 설악산에 자라는 '솜다리(에델바이스)'는 다른 곳에서 나는 것보다 그 모양이 가장 아름다우며 늦은 봄 눈과 얼음 사이에서 청아로운 자태를 뽐내는 우리꽃이다.

'연잎꿩의다리(Thalictrum Coreanum)'는 꽃은
보잘것없으나 풀잎 모양이 연(蓮)의 잎을 축소한
모양으로 설악산에서나 볼 수 있는 풀이다.

금강산에서 발견되었다 하여 이름 지어진
'금강봄맞이꽃(Androsace Cortusaefolia)'은 작은 꽃을
피우는 식물로서 바위틈에 옹기종기 모여 피는 풀잎
모양이 매우 인상적인 풀이다.

봄눈과 얼음이 녹아내릴 즈음 땅이 갈라지는
굉음이 들리는 듯한 봄산에서 불그스레하고 긴 털이
유난히 많이 돋아난 '노루오줌(Astilbe chinensis)'이
땅속에서 도깨비가 손이라도 내미는 듯이 불쑥
나오며 풀잎을 곧 활짝 피운다.

비단 풀 종류뿐 아니라 나무의 가지 끝에서도
푸른색이나 붉은색의 새싹이 터지는 소리가 요란히
산메아리치듯 여기저기에서 튀어 나온다.

유난히 새싹의 색깔이 붉은색으로 고운 나무의
새순 '개옻나무(Rhus trichocarpa)'가 있다.
이 '개옻나무'는 가을에 또 다시 푸른색에서
노란색이나 붉은색의 고운 단풍옷으로 변하는 나무
중 하나이다.

풀잎 모양이나 꽃잎 모양이 옛날 처녀들이 입던
열두 폭 치마의 치마폭 같다 하여 이름 붙여진
'처녀치마(Helomiopsis orientalis)'는 눈이 채 녹기도
전에 꽃이 피기 시작하여 6월까지 높은 곳에서 꽃을
피운다. 전국 각 지역 깊은 산에서 볼 수 있는데,
특히 풀잎이 땅바닥에 사방으로 방석처럼 퍼져서
월동하는 상록성 풀 가운데 하나이다.

'바위말발도리(Deutzia prunifolia)'도 여러 곳에서
흔히 볼 수 있는 식물이다. 이들은 대개 바위가 많은
곳에서 자라며 높은 바위 절벽 등에 붙어서
곡예라도 하듯이 꽃이 핀다.

우리의 산에는 머루나 오미자 같은 맛 좋은 열매가
많이 열리는 나무가 많다. 그 중 맛 좋은 열매가 많이
열리는 '다래나무(Actinidia arguta)'는 늦은 봄에
꽃이 피고 초가을에 대추알만한 달콤한
열매를 많이 맺는다.

이들 다래나무 꽃이 지고 나면 설악산의 나무들은
검푸른 옷으로 갈아입고 빽빽히 우거지기 시작하며
자주 쏟아지는 여름 소나기에 설악산의 골짜기마다

연잎꿩의다리 • **Thalictrum Coreanum**

금강봄맞이꽃 • **Androsace Cortusaefolia**

맑은 물이 쏟아져 내려온다. 특히 백담사 계곡
등에는 흰 바위가 냇가를 장식하고 물길이 구비구비
돌아 아래로 쏟아지는 굉음 때문에 옆사람의 말도
들리지 않는다.

노루오줌 • **Astilbe chinensis** 새순

개옻나무 • **Rhus trichocarpa** 새순

처녀치마 • **Helomiopsis orientalis**

바위말발도리 • *Deutzia prunifolia*

내설악의 크고 작은 봉우리들은 여름 동안에는 구름 속에 가려져 좀처럼 그 모습을 드러내지 않는다. 이 때문에 바위 곁에 붙어서 자라는 '바위말발도리' 및 '솜다리', '금강초롱꽃' 등이 적당한 습기와 수분을 받아 생명이 유지되고 꽃을 피울 수 있을 것이다.

다래나무 • **Actinidia arguta**

내설악의 여름

삽주 • **Atractylodes Japonica**

광덕산 산괴불주머니 • **Corydalis speciosa 군락**

‘삽주(Atractylodes Japonica)’는 국화과의 식물로서, 한방에서는 그 뿌리가 ‘창출(蒼出)’이란 약재(藥材)로 쓰인다.

가을에 접어들면 울산바위나 내설악 한계령 등의 모든 나무는 8월 하순경 설악산의 가장 높은 곳에서 제일 먼저 단풍이 물들기 시작하여 차츰 내려오며, 10월 초순이면 이미 한계령 등 높은 곳을 붉게 물들이고 그 물결은 남녘으로 내려간다.

단풍 • Acer palmatum 열매

　붉은색의 날개를 양쪽으로 뻗치고 선
'단풍나무(Acer palmatum)'는 바람에 씨가 날려가
땅에 떨어져 또 한 그루의 단풍나무로 태어난다.
　한계령은 다른 곳보다 이른 11월이면 눈이
쌓이기 시작하여 이듬해 5월이 되어서야 눈이 거의
녹아 내린다. 태백산맥의 높은 곳 설악산, 한계령,
점봉산, 오대산, 대관령, 태백산 등에는 늦게는 5월
하순까지도 잔설이 많이 쌓여 있어 군데군데 위험이
도사리고 있기도 하다.항상 기온이 다른 곳에 비해
한랭하기 때문에 이곳의 야생화들은 더욱 아름다운
꽃 색깔을 띠고 피어난다.

한라에서 백두대간을 따라

광주산맥(光州山脈)과 광덕산(廣德山)

생강나무

비록 높은 산은 아니지만 광덕산과 복주산 일대는 수림이 자연림으로 우거져 사람의 출입이 어렵고 더구나 북편의 깊은 골짜기 등에는 수량이 풍부하고 간간이 작은 늪지 등이 형성되어 있기도 하다. 그렇기 때문에 지금까지 오랜 기간 사람의 발길이 뜸하다 보니 각종 희귀 식물군이 분포해 있고 인가 부근 낮은 곳까지도 높은 산에서나 볼 수 있는 것들이 매우 많이 분포되어 있다.

광주산맥이 시작되는 강원도 화천군 사내면 대성산(大成山, 해발 1,175미터)은 북동쪽으로 적근산(赤根山, 해발 1,073미터), 백암산(白岩山, 해발 1,179미터), 백석산(白石山, 해발 840미터) 등의 준봉들이 계속 이어져 금강산(金剛山)에서 바로 이어지는 무산(巫山, 해발 1,320미터)으로 그 능선이 계속 이어져 있다. 대성산의 남쪽으로는 복주산(伏宙山)과 사내면의 복주산(1,170미터)과 그 산의 능선이 바로 이어지고 다시 바로 옆의 준봉 광덕산(廣德山)으로 계속 이어져 백운산(白雲山) 국망봉(國望峰, 해발 1,168미터), 명지산(明智山, 해발 1,267미터), 화악산(華岳山, 해발 1,468미터), 운악산(雲岳山, 해발 936미터), 축령산(※領山)까지 1천미터 안팎의 봉우리들로 계속 이어져 경기도의 광릉 지방까지 이어진다.

강원도 화천군 사내면 광덕 4리는 작은 산골 마을로, 서북동 쪽으로는 광덕산과 복주산이 삼태기 모양으로 둘러싸여 있고, 정남쪽 멀리에는 백운산과 화악산이 우뚝 솟아 있어 이곳 광덕 4리 마을은 분지(盆地) 형태를 이루고 있다.

특히 이곳 인가 부근 낮은 지역의 해발은 약
600미터에 달하는 것으로 기록되는데 이 때문에
벼농사는 그다지 잘 되지 않으나 고냉지 채소는
풍성하여 주민 대개가 밭 작물에 의존하고 있다.
지금까지도 옛 생활풍습을 그대로 이어오고
뒷산에서 나오는 양질(良質)의 산나물이 이곳의
주요 산물이기도 하다. 불과 몇년 전까지만 해도 이
마을 주민들은 재래식 화장실조차 쓰는 것을
거부하고 옛 화전민들이 살아가는 생활 상태로 살아
갔었다. 그런 탓에 이곳은 낮은 곳에 흐르는
개울물도 바로 마셔도 배탈이 나지 않을 만큼 매우
오염되지 않은 지역이었다.

또한 겨울 적설량이 많고 늦은 봄 5월까지 눈이
내리는 경우가 흔해 여름은 매우 짧고 가을은 다른
곳에 비해 일찍 오기 마련이다. 비록 높은 산은
아니지만 광덕산과 복주산 일대는 수림이
자연림으로 우거져 사람의 출입이 어렵고 더구나
북쪽편의 깊은 골짜기 등에는 수량이 풍부하고
간간이 작은 늪지 등이 형성되어 있기도 하다.
그렇기 때문에 지금까지 오랜 기간 사람의 발길이
뜸하다 보니 각종 희귀 식물군이 분포해 있고 인가
부근 낮은 곳까지도 높은 산에서나 볼 수 있는
것들이 매우 많이 분포되어 있다.

그러나 근자에는 민통선에서 해제된 지역이 되어
민간인들의 출입이 자유로워지면서 많은 사람들이
봄이면 산나물이나 약초를 채집하기 때문에
풍성하던 희귀 식물들이 송두리째 훼손되어 가고
있다. 이들 종은 대개 '천마', '두릅나무',
'금강초롱꽃', '백작약', '복주머니꽃', '감자난초',
'더덕', '소경불알', '하늘말나리', '천남성', '매발톱꽃',
'은난초', '삼지구엽초', '복수초' 등이 대표적인데
식용, 약용, 관상용 등의 무절제한 채취로 인하여 그
수가 줄어들어 매우 염려된다.

봄이 되면 이곳에는 눈과 얼음이 채 녹기도 전에
눈 속을 헤집고 많은 아름다운 꽃들이 피어나는,
중부 내륙지방의 심장부라 할 수 있는 곳이다.
골짜기에서 이른봄부터 꽃이 피는
'산괴불주머니(Corydalis speciosa)'는 이 산을
분홍색의 진달래와 더불어 아름답게 꾸며 준다.

산괴불주머니 • Corydalis speciosa

가장 먼저 작은 꽃대를 쳐들고 꽃이 피는
'너도바람꽃(Eranthis stellata)'은 대개 눈 속에서
꽃을 피운다. '앉은부채(Symplocarpus renifolius)',
'생강나무(Lindera obtusiloba)'도 일찍 눈과 얼음이
있는 데서 꽃이 핀다. '생강나무'는 나뭇가지를
꺾으면 생강 냄새가 난다 하여 그 이름이 지어졌다.
흔히 산수유꽃과 혼동이 되지만 동아(冬芽)가
붓끝같이 뾰족하고 가지가 푸른색이며 흰
피목(皮目)이 뚜렷하게 보이는 것이 다르다.
'미치광이풀(Scopolia parviflora)'은 일찍 눈과
얼음을 뚫고 나와 꽃이 피며, 이곳 광덕산에는 아직
기록되지 않은 '노란꽃미치광이풀'도 자란다. 전국
각 곳에서 볼 수 있는 '고깔제비꽃(Viola rossii)'은
특히 이곳에서 많이 나고 '금강제비꽃',
'노랑제비꽃'도 같이 핀다.

앉은부채 • **Symplocarpus renifolius**

너도바람꽃 • **Eranthis stellata**

생강나무 • Lindera obtusiloba

미치광이풀의 새순

미치광이풀 • Scopolia parviflora

노란꽃미치광이풀

고깔제비꽃 • *Viola rossii*

가지가 3개이고 풀잎이 9개인 데서 이름이 생긴
'삼지구엽초(三枝九葉草, Epimedium Koreanum)'는
음양곽(淫羊藿)이라 불리기도 하며 정력에 좋다는
소문 때문에 수난을 당하는 풀 중의 하나이지만
지금은 그나마 찾아보기조차 쉽지 않다.

'홀아비꽃대(Chloranthus Japonicus)',
'은난초(Cephalanthera erecta)',
'은대난초(Cephalanthera longibracteata)' 등도 봄에
많이 볼 수 있다.

'천마(天麻, Gastrodia elata)'는 전국 각 곳의 심산
지역에 분포해 있으나 약재(藥材)로 쓰기 위한
무절제한 채취로 인하여 지금은 어디에서나
찾아보기가 매우 어려운 희귀 식물이 되고 말았다.
이곳 광덕산도 예외는 아니어서 지금은 찾기가
대단히 어려운 지경이다.

큰 산의 숲 속에서 많이 나는 '큰연영초(Trillium
Kamtschaticum)'는 특히 이곳 골짜기 습기 많은 숲
속에서 많이 자라고 초여름경 화려한
순백의 꽃이 핀다.

삼지구엽초 • **Epimedium Koreanum**

홀아비꽃대 • **Chloranthus Japonicus**

은대난초 • **Cephalanthera longibracteata**

큰연영초 · **Trillium Kamtschaticum와 열매**

은난초 • **Cephalanthera erecta**

천마 • **Gastrodia elata**

'동의나물(Caltha palustris)'은 전국의 산 가운데
이곳에서 가장 큰 군락을 이루며 자라고 있고,
'백작약(Paeonia Japonica)'도 약재로 쓴다 하여
수난을 당하는 꽃이다.

'털중나리(Lilium amabile)'와
'노랑하늘말나리(Lilium tsingtauense var. Carneum)'도
눈에 띈다. 노랑하늘말나리는 이곳에서만 확인되는
매우 희귀종이다. '소경불알(Codonopsis ussuriensis)',
'동자꽃(Lychnis Cognata)' 등도 여름에 아름다운
꽃을 많이 피운다. '흰그늘돌쩌귀(Aconitum
uchiyamai var. albiflorum)'는 이 지역의 특산품이라
할 정도로 '흰진범'과 같이 많이 자라는 유독성
식물이다. 눈 속에서 눈을 헤치고 나와 작은 흰 별
모양의 꽃을 아름답게 피우는
'모데미풀(Megaleranthis saniculifolia)'은 약 2년 간에
걸쳐 꽃이 필 때부터 열매가 열릴 때까지 계속해서
관찰해 보니, 꽃은 핀 다음 화분 교접이 일단
이루어지고 나면 색깔이 추하게 더러워지고 또는
바로 꽃잎이 떨어지기도 하는 것을 볼 수 있었다.

동의나물 • **Caltha palustris**

백작약 • Paeonia Japonica

털중나리 • Lilium amabile

노랑하늘말나리 • *Lilium tsingtauense var. Carneum*

소경불알 • *Codonopsis ussuriensis*

흰그늘돌쩌귀 • *Aconitum uchiyamai var. albiflorum*

동자꽃 • Lychnis Cognata

모데미풀 • **Megaleranthis saniculifolia**

모데미풀 꽃봉오리(4월 2일 촬영)

반개한 모데미풀(4월 5일 촬영)

모데미풀 무리(4월 15일 촬영)

만개한 모데미풀(4월 15일 촬영)

낙화한 모데미풀(5월 20일 촬영)

한라에서 백두대간을 따라

백두산(白頭山) 천지(天池)

백두산 천지 전경

항상 봉우리가 흰눈으로 덮여 있다는 데서 백두산(白頭山)이란 이름이 붙여졌지만 이곳은 6월~8월에 모든 식물들이 개화한다. 그리고 7월 하순경부터 8월 중순경까지 약 2주간에 걸쳐 찬서리가 내리지 않는다. 그 외에는 늘 찬서리가 내리거나 눈이 쌓여 백두산의 꽃을 보려면 6월 하순경부터 8월 중순이 되어야 한다.

민족의 영산(靈山)으로 일컬어지는 백두산(白頭山)은 북한 쪽에 위치한 해발 2,744미터의 제일 높은 장군봉과 더불어 모두 2,000미터가 훨씬 넘는 많은 봉우리가 둥글게 병풍처럼 둘러싸여 그 안에 천지(天池)가 형성된 곳이다. 항상 봉우리가 흰눈으로 덮여 있다는 데서 백두산(白頭山)이란 이름이 붙여졌지만 이곳은 6월~8월에 모든 식물들이 개화한다. 그리고 7월 하순경부터 8월 중순경까지 약 2주간에 걸쳐 찬서리가 내리지 않는다. 그 외에는 늘 찬서리가 내리거나 눈이 쌓여 백두산의 꽃을 보려면 6월 하순경부터 8월 중순이 되어야 한다.

이때쯤 백두산 천지 호반 가장자리에서는 여러 가지 야생화가 많이 피어난다. 그러나 맑은 하늘에 흰구름이 떠 있다가도 갑자기 어느 때 비바람이 몰려올지 예측하기 어려운 곳이기도 하다.

호반가에는 '두메자운(Oxytropis anertii)'이 여름의 태양빛을 받아 더욱 아름다운 색깔의 꽃을 피운다.

백두산 천지의 두메자운 • Oxytropis anertii 군락

　잔잔한 천지호수(天池湖水) 건너편으로 북한쪽의 제일 높은 장군봉이 건너다보이고, 호반 가장자리의 넓은 초원에는 '구름국화(Erigeron alpicola)'가 큰 군락을 이루어 7월 하순의 태양빛을 받고 모두 피어난다.

　천지 호반에서 장백폭포 쪽으로 천지의 물이 흐르는 곳을 '달문'이라 하는데 이곳 광활한 고원지의 높은 봉우리에서 화산암(火山岩)이 곧 흘러내릴 것만 같은 골짜기 사이로 호반의 물이 흘러 폭포를 이룬다.

백두산 천지 전경

백두산 천지 건너편은 북한 땅으로 장군봉이 마주보인다.

고산부전바디와 개황기 군락지.

이곳 양쪽의 넓은 곳에는 '개황기(Astragalus uliginosus)'가 연한 노란색의 작은 꽃을 많이 달고 흡사 옷감을 펼친 듯이 피어나고, 군데군데 키가 큰 '고산부전바디(Coelopleurum saxatile)'가 작은 우산 모양의 꽃대를 펴고 서 있다.

백두산 천지의 물은 위에서 내려다보면 유난히 푸른 쪽빛을 띠며 잔잔할 때는 명경지수가 되지만 항상 잔물결이 일어 이러한 현상은 평소에는 보기 어렵다.

두메양귀비 • *Papaver radicatum var. pseudoradicatum*

'두메양귀비(*Papaver radicatum var. pseudoradicatum*)'는 백두산의 자랑거리가 되는 꽃으로 해발 1,700미터 이상의 고원지에서 많이 자란다. '날개하늘나리(*Lilium davuricum*)'는 백합과의 야생나리류 중 가장 모양이 화려하고 꽃이 크며, 그 종(種)이 매우 귀한 식물이다. 이들은 백두산의 고원지에 분포하고 휴전선의 비무장지대 안쪽과 태백산까지 분포하는 것으로 확인된다.

'털개불알꽃(털복주머니꽃, *Cypripedium guttatum var. Koreanum*)'도 백두산에서 자라며 백두대간을 따라 남쪽으로 설악산까지 분포하는 희귀종 식물이다.

두메양귀비
Papaver radicatum var. pseudoradicatum

날개하늘나리 • Lilium davuricum

털개불알꽃 • Cypripedium guttatum var. Koreanum

털동자꽃 • Lychnis fulgens

구름송이풀 • Pedicularis verticillata

비로용담 • **Gentiana Jamesii**

　'털동자꽃(Lychnis fulgens)'은 백두산의
습원지에서 많이 나고 휴전선 태백산까지 분포지가
넓어졌다.

　'구름송이풀(Pedicularis verticillata)'은 백두산의
고원지에서 많이 피지만 남으로 지리산, 한라산의
고원지까지 분포하는 식물이다.

　'비로용담(Gentiana Jamesii)'은 백두산 고원지에서
나고, 금강산 휴전선까지 분포해 있다. 백두산의
것은 꽃과 풀이 강한 편이며 벽색의 꽃과 흰무늬가
나 있는 것 등 두 가지로 꽃이 핀다. 휴전선 대암산
용늪에 피는 것은 꽃이 가녀리고 식물 자체도
연하게 보이며 꽃은 같은 벽색과 연한 색 두 가지가
있다. 한 가지, 휴전선의 '비로용담꽃'은 사람이
가까이 접근하면 곧 꽃이 오므라드는 것이 다른
곳의 것과 다르나 식물이나 꽃의 모양은 같은
것이다. 이 '용담'은 금강산의 비로봉에서 처음
발견되어 이름이 '비로용담'이라 붙여졌다 한다.

　이번 한라에서 백두대간까지 남에서 북으로 큰
산맥을 따라가며 느낀 것은, 비록 휴전선이
가로막혀 남과 북으로 갈라져 있기는 하지만,
분명 한라에서 백두산까지는 우리의 땅임을
야생 식물을 통해서도 알 수 있었다는 것이다.

백두산 천지 내벽

한국의 식물 구계 구분과 한국특산식물 개요

예로부터 식물지리학자들은 그 지역 식물 분포의 사실 여부에 따라 전 세계를 여러 가지의 구계로 구분해 왔다. 그 가운데 1947년 로날드 굳(Ronald Good)은 전세계를 식생(植生)에 의한 37개의 식물구계(區系)로 구분하였는데 이에 따르면 한국은 일화식물구계(日華植物區系)의 범위에 속한다고 하였다.〔李, 1992〕

식물의 분포와 식생은 그 지역의 식물들이 오랜 세월 동안 주어진 환경조건에 적응하여 진화된 결과적인 산물이다. 따라서 제각기 그 나름대로 특성을 지니고 있으므로 그 특성이 인간들에 의해 인위적으로 그어진 행정 구역 등과는 일치할 수 없으며, 식물의 생활형조(生活型組)에 따라 설정된다고 보는 것이 가장 좋은 분류 방법이라고 한다.

이에 따라 한국은 전세계적으로는 일화식물구계에 속하며, 이 일화식물구계에는 한국을 비롯, 일본, 중국(남부 제외), 만주의 동부와 히말라야산계가 속하게 된다. 이는 또다시 난대아구계(暖帶亞歐系)와 온대아구계(溫帶亞歐系)로 나뉘고, 전자(前者)를 한일난대구(韓日暖帶區)와 화중구(華中區)로 구분하며, 후자를 만주구(滿洲區), 한국구(韓國區), 화북구(華北區), 일본온대남부구(日本溫帶南部區), 남화태남천북해도구(南華太南千北海道區), 중국서남구(中國西南區) 및 히말라야온대구로

세분하게 된다.

그러므로 우리나라는 남부의 다도해(多島海)를
포함한 해안 일대와 제주도, 울릉도가 난대아구계의
한일난대구(韓日暖帶區)에 들어가며 나머지는 모두
온대아구계의 한국구와 만주구에 속한다.

또한 우리나라는 8개의 더 작은 아구로 나뉜다.

그림 1. 갑산아구 2. 관북아구 3. 관서아구
4. 중부아구 5. 남부아구 6. 남부해안아구 7. 제주아구
8. 울릉아구 등으로 세분화하여 각 지역의
식물분포 상황 등을 표기한다.

그리고 우리나라의 휴전선 전 지역은
일화식물구계의 한국중부아구에 속하며

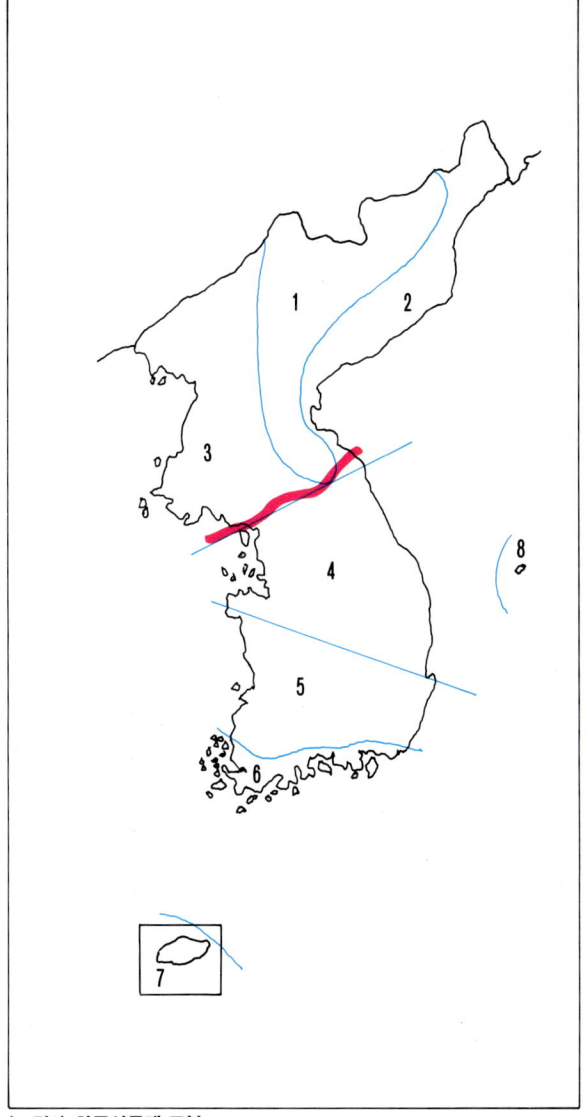

(그림1) 한국식물계 구분

일화식물구계는 다른 구계에 비하여 식물의 종류가
많은 것이 특징이다. 그 이유로는 비교적 이곳이
다우기후(多雨氣候)이어서 식생이 잘 자랄 수 있고,
동서(東西)에 높은 산맥이 없어 남북으로 식물들의
이동이 가능하며 유럽주 등과 같은 심한 한랭한
추위가 없다는 것도 좋은 조건의 하나이다.

중부아구(中部亞區, 李, 任, 1978)는 강원도의
거진과 경기도의 인천을 잇는 선(線) 이남에서
충청남도 태안반도와 경상북도의 영일만을 잇는
선(線) 이북을 말한다. 또한 이 지역은 우리나라의
등줄기 산맥인 태백산계(太白山系)가 주축을 이루는
곳으로서 식물 구계로는 중부아구(중부지방)이며
중부 한국의 특성을 지니고 있는 곳이다.

이러한 좋은 기후 조건으로 인하여 많은 식물군
가운데에 고유식물인 한국특산식물(韓國特産植物),
특산식물(特産植物), 고유종(固有種, 모두 같은 것임)
특산식물이 우리나라에도 많이 분포하고 있으며
이러한 것들은 모두 고유식물 등으로 불린다.

이들 특산종은 특정한 지역에 한정 분포되어 있는
고유종을 말하며 이들 특산식물은 주어진 환경
속에서 오랜 세월 동안 적응하여 진화된 것이므로
그 지역의 특수성을 설명할 수 있는 가장 좋은
자료라고 말한다.〔李, 任, 1978〕

고유종이란 생물이 지리적 또는 생식적
격리(生殖的隔離)에 의하여 자유로이 지배될 수
없는 환경에 오래 놓여 있어 유전적으로 분리

작용이 생겨 점차적으로 순화된 것으로 볼 수 있다고 한다. 이 때문에 천애고도(天涯孤島)와 같은 곳에 고유화현상(固有化現象)의 가능성이 높다고 하였다.

예를 들면 하와이의 식물은 90퍼센트가 그 곳의 특산종이며, 우리나라에서도 제주도와 울릉도 같은 곳에 특산종이 많은 것은 이를 입증해 준다. 또한 4면이 바다인 섬나라 일본은 40퍼센트가 특산이며 3면이 바다인 한국은 26.7퍼센트가 특산식물이고, 이에 반하여 대륙의 일부인 만주는 11.1퍼센트의 특산률을 나타내는 것이 이를 잘 설명해 주고 있다.〔李, 等, 1975a〕

우리나라의 특산식물은 나가이(NAKAI, 1952) 보고에 의하면 11속(屬) 644종(種) 402 변종(變種) 72품종(品種)으로 우리나라 식물(관속식물)의 27.7퍼센트에 해당한다. 물론 이들의 종(種)의 수나 비율은 조사 연구에 따라 약간 달라질 가능성도 있다. 우리나라의 특산속식물은 전기한 바와 같이 11속으로 보고되었으나 현재는 7속(屬)으로 줄어들었다고 보고된다.

그 원인은 과거에는 새로운 속을 만들 때에 다른 사람에 의하여 채집한 소수의 표본을 사용한 경우가 많았을 뿐만 아니라 대개 외부형태만을 가지고 분류하여 세분하는 경향이 있었으나 현재는 세포유전학(細胞遺傳學)의 발달과 더불어 계통적 연구가 진행되어 종속(種屬)이 통폐합되는 경향으로 인한 때문이라고 했다.〔李, 等 1975 李, 任, 1978〕

현재로서는 비록 국토는 남과 북으로 분단되어 휴전선 이북 지역은 근 반세기 동안 생태적인 탐사가 우리의 학자에 의해 이루어지지 못했기 때문에 이러한 시점에서 전체적인 식물분포 상황 등을 파악하기가 어려운 현실이기도 하다.

그러나 우리나라의 큰 산맥을 따라 동서남북으로 또는 멀리 백두산(白頭山, 중국쪽)을 탐사하다 보면 낯익은 희귀 식물들의 이동 흔적을 더러는 동정할 수도 있다.

'닻꽃(Halenia Corniculata)', '구름송이풀(pedicularis verticillata)', '달구지풀(Trifolium lupinaster)', '산솜방망이(Senecio flammeus)', '금방망이(Senecio nemorensis)', '곰취(Ligularia fischeri)' 등은

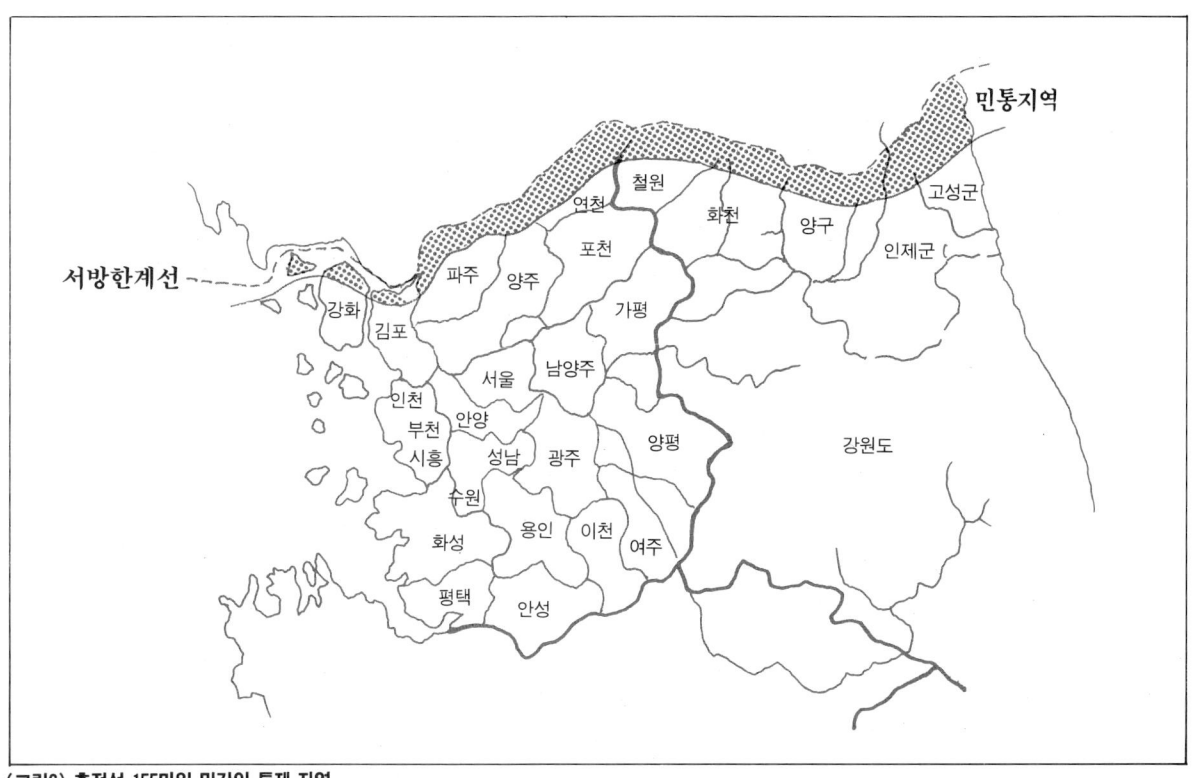

(그림2) 휴전선 155마일 민간인 통제 지역

백두대간(白頭大幹)을 따라 휴전선, 대관령, 태백산, 지리산, 제주의 한라산까지 높은 산맥의 고원지를 따라 남쪽으로 길게 분포하고 있다.

또 다른 족속들로 '비로용담(Gentiana Jamesii)', '손바닥난초(Gymnadenia Conopsea)', '털동자꽃(Lychnis fulgens)', '동자꽃(Lychnis Cogndta)', '제비동자꽃(Lychnis Wilfordii)', '구름패랭이꽃(Dianthus superbus)', '자주꽃방망이(Campanula glomerata var. dahurica)', '날개하늘나리(Lilium davuricum)', '매발톱꽃(Aquilegia buergeriana Mlq, var. oxysepala)', '분홍바늘꽃(Epilobium angustifolium)', '진범(Aconitum pseudo-laeve var. erectum)', '지리바꽃(Aconitum chiisanense)', '꼬리조팝(spiraea salicifolia)', '털쥐손이(Geranium eriostemon)'. '노랑물봉선(Impatiens nolitangere)', '만주송이풀(pedicularis manshurica)', '초롱꽃(Campanula punctata)', '금강애기나리(Disporum ovale)', '털복주머니꽃(Cypripedium guttatum var. Koreanum)' 등 대체로 많이 알려진 식물들이 백두산에서 갑산 아구대를 따라 휴전선 대관령을 거쳐 남쪽으로 길게 태백산, 지리산까지 분포대를 이룬 것을 볼 수 있다.

이들 대개의 종(種)들은 갑산아구 지역에 많이 분포하는 것들로서 금강산을 지나 휴전선의 중부 아구대와 남부아구, 제주아구까지 그 분포 지역을 넓힌다.

그러나 갑산아구대에서 내려온 것들은 대개는 중부아구대의 강원 지역에 가장 많이 분포하고 있음을 볼 수 있다. 이러한 요인들은 야생 식물을 연구하는 사람들에게는 중부아구 중에서도 휴전선과 태백산맥이 연결되는 산맥과, 또 하나는 금강산에서 서남쪽으로 우리나라의 중부아구대 핵심부로 내려오는 광주산맥이 선망의 대상이 되고 있다.

백두대간을 따라 남으로 내려오며 이들 북방계 희귀 식물들은 금강산맥에서 태백산맥과 광주산맥으로 갈라져 태백산맥은 길게 남쪽으로

산맥을 따라 이동하지만 광주산맥은 간간이 1천미터 내외의 산을 따라 경기도의 광릉 지역까지 그 맥이 이어지고 있음을 한눈에 볼 수 있다.

때문에 휴전선 동부 강원 지역과 태백산맥, 광주산맥은 우리나라 중부아구대의 식물생태적인 면이 어느 곳보다 생식 조건이 좋아 많은 종이 분포할 수 있는 중요한 지역이기도 하다.

또한 이 지역은 대개가 제한을 받고 있는 통제 지역인 특수성 때문에 오히려 자연상태의 이들 생물들이 보호 유지된다고도 볼 수 있다.

우리나라 전체 식물은 약 4,500여 종으로 보고되고 있으나 근자에는 이들 중 약 10퍼센트가 멸종된 것으로 기록된다. 그 중 휴전선 이남의 우리나라에 약 70퍼센트가 분포하고, 나머지 약 30퍼센트가 휴전선 이북 지역의 북한 지역에 분포하는 것으로 구분되며 이들 전체 식물 중 초본류(草本類) 풀 종류가 약 70퍼센트를 차지하고 나머지가 목본류(木本類)이다.

꽃이름 찾아보기

휴전선 야생화

글 · 명기환
그림 · 최낙경(서양화가)

조그만 풀꽃이 되어
휴전선 야생화로 피어난다면
금강산 만 이천봉
그 깊은 계곡의 맑은 이슬로
얼굴을 씻으리니
조국이 통일되어 하나되던 날
온누리에 맑은 꽃가루로 뿌리리라

한라산 백록담 봄기운이
휴전선 철조망을 휘몰아
백두산 천지 백리향 정기로
내리고
휴전선 철조망은
사랑의 야생화로 무너지는가